国家出版基金项目
NATIONAL PUBLICATION FOUNDATION

"十三五"国家重点图书出版规划项目

水利水电工程信息化 BIM 丛书 | 丛书主编　张宗亮

HydroBIM-BIM/CAE集成设计技术

张宗亮　主编

中国水利水电出版社

www.waterpub.com.cn

·北京·

内 容 提 要

本书系国家出版基金项目和"十三五"国家重点图书出版规划项目——《水利水电工程信息化 BIM 丛书》之《HydroBIM - BIM/CAE 集成设计技术》。全书共 10 章，主要内容包括：绪论、水利水电工程 BIM/CAE 集成体系、水利水电工程 BIM/CAE 集成模型、水利水电工程 BIM/CAE 集成分析、水利水电工程 BIM/CAE 动态反馈优化、混凝土重力坝 BIM/CAE 集成分析实践、土石坝 BIM/CAE 集成分析实践、引调水工程 BIM/CAE 集成分析实践、边坡洞室 BIM/CAE 集成分析实践、总结与展望。

本书可供水利水电工程技术人员和管理人员借鉴，也可供相关科研单位及高等院校师生参考。

图书在版编目（ＣＩＰ）数据

HydroBIM-BIM/CAE集成设计技术 / 张宗亮主编. --
北京 ：中国水利水电出版社，2023.4
　（水利水电工程信息化BIM丛书）
　ISBN 978-7-5226-1038-2

Ⅰ．①H… Ⅱ．①张… Ⅲ．①水利水电工程－计算机
辅助设计－应用软件 Ⅳ．①TV-39

中国版本图书馆CIP数据核字(2022)第187138号

书　　　名	水利水电工程信息化 BIM 丛书 **HydroBIM - BIM/CAE 集成设计技术** HydroBIM - BIM/CAE JICHENG SHEJI JISHU
作　　　者	张宗亮　主编
出 版 发 行	中国水利水电出版社 （北京市海淀区玉渊潭南路 1 号 D 座　　100038） 网址：www.waterpub.com.cn E - mail：sales@mwr.gov.cn 电话：(010) 68545888（营销中心）
经　　　售	北京科水图书销售有限公司 电话：(010) 68545874、63202643 全国各地新华书店和相关出版物销售网点
排　　　版	中国水利水电出版社微机排版中心
印　　　刷	北京印匠彩色印刷有限公司
规　　　格	184mm×260mm　16 开本　15.75 印张　300 千字
版　　　次	2023 年 4 月第 1 版　2023 年 4 月第 1 次印刷
印　　　数	0001—1500 册
定　　　价	**100.00 元**

《HydroBIM－BIM/CAE 集成设计技术》
编 委 会

主　　编　张宗亮

副 主 编　刘　涵　严　磊　王　超

参编人员　张社荣　赵志勇　王枭华　于　琦　刘增辉
　　　　　巩凯杰　刘　宽　梁礼绘　张礼兵　张世航
　　　　　薛　莹

编写单位　中国电建集团昆明勘测设计研究院有限公司
　　　　　天津大学

信息技术与工程深度融合是推进水利水电工程建设发展的重要方向！

中国工程院院士

马洪琪

2016年6月

序　一

　　信息技术与工程建设深度融合是水利水电工程建设发展的重要方向。当前，工程建设领域最流行的信息技术就是 BIM 技术，作为继 CAD 技术后工程建设领域的革命性技术，在世界范围内广泛使用。BIM 技术已在其首先应用的建筑行业产生了重大而深远的影响，住房和城乡建设部及全国三十多个省（自治区、直辖市）均发布了关于推进 BIM 技术应用的政策性文件。这对同属于工程建设领域的水利水电行业，有着极其重要的借鉴和参考意义。2019 年全国水利工作会议特别指出要"积极推进 BIM 技术在水利工程全生命期运用"。2019 年和 2020 年水利网信工作要点都对推进 BIM 技术应用提出了具体要求。南水北调、滇中引水、引汉济渭、引江济淮、珠三角水资源配置等国家重点水利工程项目均列支专项经费，开展 BIM 技术应用及 BIM 管理平台建设。各大流域水电开发公司已逐渐认识到 BIM 技术对于水电工程建设的重要作用，近期规划设计、施工建设的大中型水电站均应用了 BIM 技术。水利水电行业 BIM 技术应用的政策环境和市场环境正在逐渐形成。

　　作为国内最早开展 BIM 技术研究及应用的水利水电企业之一，中国电建集团昆明勘测设计研究院有限公司（以下简称"昆明院"）在中国工程院院士、昆明院总工程师、全国工程勘察设计大师张宗亮的领导下，打造了具有自主知识产权的 HydroBIM 理论和技术体系，研发了 Hydro-BIM 设计施工运行一体化综合平台，实现了信息技术与工程建设的深度融合，成功应用于百余项项目，获得国内外 BIM 奖励数十项。《水利水电工程信息化 BIM 丛书》即为 HydroBIM 技术的集大成之作，对 HydroBIM 理论基础、技术方法、标准体系、综合平台及实践应用进行了全面的阐述。该丛书已被列为国家出版基金项目和"十三五"国家重点图书出版规划项目，可为行业推广应用 BIM 技术提供理论指导、技术借鉴和实践经验。

　　BIM 人才被认为是制约国内工程建设领域 BIM 发展的三大瓶颈之

一。据测算，2019 年仅建筑行业的 BIM 人才缺口就高达 60 万人。为了破解这一问题，教育部、住房和城乡建设部、人力资源和社会保障部及多个地方政府陆续出台了促进 BIM 人才培养的相关政策。水利水电行业 BIM 应用起步较晚，BIM 人才缺口问题更为严重，迫切需要企业、高校联合培养高质量的 BIM 人才，迫切需要专门的著作和教材。该丛书有详细的工程应用实践案例，是昆明院十多年水利水电工程 BIM 技术应用的探索总结，可作为高校、企业培养水利水电工程 BIM 人才的重要参考用书，将为水利水电行业 BIM 人才培养发挥重要作用。

中国工程院院士 钟登华

2020 年 7 月

序　二

　　中国的水利建设事业有着辉煌且源远流长的历史，四川都江堰枢纽工程、陕西郑国渠灌溉工程、广西灵渠运河、京杭大运河等均始于公元前。公元年间相继建有黄河大堤等各种水利工程。中华人民共和国成立后，水利事业开始进入了历史新篇章，三门峡、葛洲坝、小浪底、三峡等重大水利枢纽相继建成，为国家的防洪、灌溉、发电、航运等方面作出了巨大贡献。

　　诚然，国内的水利水电工程建设水平有了巨大的提高，糯扎渡、小湾、溪洛渡、锦屏一级等大型工程在规模上已处于世界领先水平，但是不断变更的设计过程、粗放型的施工管理与运维方式依然存在，严重制约了行业技术的进一步提升。这个问题的解决需要国家、行业、企业各方面一起努力，其中一个重要工作就是要充分利用信息技术。在水利水电建设全行业实施信息化，利用信息化技术整合产业链资源，实现全产业链的协同工作，促进水利水电行业的更进一步发展。当前，工程领域最热议的信息技术，就是建筑信息模型（BIM），这是全世界普遍认同的，已经在建筑行业产生了重大而深远的影响。这对同属于工程建设领域的水利水电行业，有着极其重要的借鉴和参考意义。

　　中国电建集团昆明勘测设计研究院有限公司（以下简称"昆明院"）作为国内最早一批进行三维设计和 BIM 技术研究及应用的水利水电行业企业，通过多年的研究探索及工程实践，已形成了具有自主知识产权的集成创新技术体系 HydroBIM，完成了 HydroBIM 综合平台建设和系列技术标准制定，在中国工程院院士、昆明院总工程师、全国工程勘察设计大师张宗亮的领导下，昆明院 HydroBIM 团队十多年来在 BIM 技术方面取得了大量丰富扎实的创新成果及工程实践经验，并将其应用于数十项水利水电工程建设项目中，大幅度提高了工程建设效率，保证了工程安全、质量和效益，有力推动工程建设技术迈上新台阶。昆明院 Hydro-BIM 团队于 2012 年和 2016 年两获欧特克全球基础设施卓越设计大赛一等奖，将水利水电行业数字化信息化技术应用推进到国际领先水平。

《水利水电工程信息化 BIM 丛书》是昆明院十多年来三维设计及 BIM 技术研究与应用成果的系统总结，是一线工程师对水电工程设计施工一体化、数字化、信息化进行的探索和思考，是 HydroBIM 在水利水电工程中应用的精华。丛书架构合理，内容丰富，涵盖了水利水电 BIM 理论、技术体系、技术标准、系统平台及典型工程实例，是水利水电行业第一套 BIM 技术研究与应用丛书，被列为国家出版基金项目和"十三五"国家重点图书出版规划项目，对水利水电行业推广 BIM 技术有重要的引领指导作用和借鉴意义。

虽说 BIM 技术已经在水利水电行业得到了应用，但还仅处于初步阶段，在实际过程中肯定会出现一些问题和挑战，这是技术应用的必然规律。我们相信，经过不断的探索实践，BIM 技术肯定能获得更加完善的应用模式，也希望本书作者及广大水利水电同人们，将这一项工作继续下去，将中国水利水电事业推向新的历史阶段。

中国科学院院士

2020 年 7 月

序 三

　　BIM 技术是一种融合数字化、信息化和智能化技术的设计和管理工具。全面应用 BIM 技术能够将设计人员更多地从绘图任务中解放出来，使他们由"绘图员"变成真正的"设计师"，将更多的精力投入设计工作中。BIM 技术给工程界带来了重大变化，深刻地影响工程领域的现有生产方式和管理模式。BIM 技术自诞生至今十多年得到了广泛认同和迅猛发展，由建筑行业扩展到了市政、电力、水利、铁路、公路、水运、航空港、工业、石油化工等工程建设领域。国务院，住房和城乡建设部、交通运输部、工业和信息化部等部委，以及全国三十多个省（自治区、直辖市）均发布了关于推进 BIM 技术应用的政策性文件。

　　为了集行业之力共建水利水电 BIM 生态圈，更好地推动水利水电工程全生命期 BIM 技术研究及应用，2016 年由行业三十余家单位共同发起成立了水利水电 BIM 联盟（以下简称"联盟"），本人十分荣幸当选为联盟主席。联盟自成立以来取得了诸多成果，有力推动了行业 BIM 技术的应用，得到了政府、业主、设计单位、施工单位等的认可和支持。联盟积极建言献策，促进了水利水电行业 BIM 应用政策的出台。2019 年全国水利工作会议特别指出要"积极推进 BIM 技术在水利工程全生命期运用"。2019 年和 2020 年水利网信工作要点均对推进 BIM 技术应用提出了具体要求：制定水利行业 BIM 应用指导意见和水利工程 BIM 标准，推进 BIM 技术与水利业务深度融合，创新重大水利工程规划设计、建设管理和运行维护全过程信息化应用，开展 BIM 应用试点。南水北调工程在设计和建设中应用了 BIM 技术，提高了工程质量。当前，水利行业以积极发展 BIM 技术为抓手，突出科技引领，设计单位纷纷成立工程数字中心，施工单位也开始推进施工 BIM 应用。水利工程 BIM 应用已经由设计单位推动逐渐转变为业主单位自发推动。作为水利水电 BIM 联盟共同发起单位、执委单位和标准组组长单位的中国电建集团昆明勘测设计研究院有限公司（以下简称"昆明院"），是国内最早一批开展 BIM 技术研究及应用的水利水电企业。在领导层的正确指引下，昆明院在培育出大量水利水电 BIM 技术人才的同时，也形成了具有自主知识产权的以 HydroBIM 为核心的系列成果，研发了全生命周期的数字化管理平台，并成功运用到各大工程项目之中，真正实现了技术服务于工程。

《水利水电工程信息化 BIM 丛书》总结了昆明院多年在水利水电领域探索 BIM 的经验与成果，全面详细地介绍了 HydroBIM 理论基础、技术方法、标准体系、综合平台及实践应用。该丛书入选国家出版基金项目和"十三五"国家重点图书出版规划项目，是水利水电行业第一套 BIM 技术应用丛书，代表了行业 BIM 技术研究及应用的最高水平，可为行业推广应用 BIM 技术提供理论指导、技术借鉴和实践经验。

水利部水利水电规划设计总院正高级工程师
水利水电 BIM 联盟主席

2020 年 7 月

序　四

　　我国目前正在进行着世界上最大规模的基础设施建设。建设工程项目作为其基本组成单元，涉及众多专业领域，具有投资大、工期长、建设过程复杂的特点。20 世纪 80 年代中期以来，计算机辅助设计（CAD）技术出现在建设工程领域并逐步得到广泛应用，极大地提高了设计工作效率和绘图精度，为建设行业的发展起到了巨大作用，并带来了可观的效益。社会经济在飞速发展，当今的工程项目综合性越来越强，功能越来越复杂，建设行业需要更加高效高质地完成建设任务以保持行业竞争力。正当此时，建筑信息模型（BIM）作为一种新理念、新技术被提出并进入白热化的发展阶段，正在成为提高建设领域生产效率的重要手段。

　　BIM 的出现，可以说是信息技术在建设行业中应用的必然结果。起初，BIM 被应用于建筑工程设计中，体现为在三维模型上附着材料、构造、工艺等信息，进行直观展示及统计分析。在其发展过程中，人们意识到 BIM 所带来的不仅是技术手段的提高，而且是一次信息时代的产业革命。BIM 模型可以成为包含工程所有信息的综合数据库，更好地实现规划、设计、施工、运维等工程全生命期内的信息共享与交流，从而使工程建设各阶段、各专业的信息孤岛不复存在，以往分散的作业任务也可被其整合成为统一流程。迄今为止，BIM 已被应用于结构设计、成本预算、虚拟建造、项目管理、设备管理、物业管理等诸多专业领域中。国内一些大中型建筑工程企业已制定符合自身发展要求的 BIM 实施规划，积极开发面向工程全生命期的 BIM 集成应用系统。BIM 的发展和应用，不仅提高了工程质量、缩短了工期、提升了投资效益，而且促进了产业结构的优化调整，是建筑工程领域信息化发展的必然趋势。

　　水利水电工程多具有规模大、布置复杂、投资大、开发建设周期长、参与方众多及对社会、生态环境影响大等特点，需要全面控制安全、质量、进度、投资及生态环境。在日益激烈的市场竞争和全球化市场背景下，建立科学高效的管理体系有助于对水利水电工程进行系统、全面、现代化的决策与管理，也是提高工程开发建设效率、降低成本、提高安全性和耐久性的关键所在。水利水电工程的开发建设规律和各主体方需求与建筑工程极其相似，如果 BIM 在其中能够得以应用，必然将使建设效率得到极大提高。目前，国内部分水利水电勘测设计单位、施工单位在 BIM 应用方面已进行了有益的探索，开展了诸如多专业三维协同设计、自动出图、设计性能分析、5D 施工模拟、施工现场管理等应用，取得了较传统技术不可比拟的优势，值得借鉴和推广。

中国电建集团昆明勘测设计研究院有限公司（以下简称"昆明院"）自 2005 年接触 BIM，便开始着手引入 BIM 理念，已在百余工程项目中应用 BIM，得到了业主和业界的普遍好评。与此同时，昆明院结合在 BIM 应用方面的实践和经验，将 BIM 与互联网、物联网、云计算技术、3S 等技术相融合，结合水利水电行业自身的特点，打造了具有自主知识产权的集成创新技术 HydroBIM，并完成 HydroBIM 标准体系建设和一体化综合平台研发。《水利水电工程信息化 BIM 丛书》的编写团队是昆明院 BIM 应用的倡导者和实践者，丛书对 HydroBIM 进行了全面而详细的阐述。本丛书是以数字化、信息化技术给出了工程项目规划设计、工程建设、运行管理一体化完整解决方案的著作，对大土木工程亦有很好的借鉴价值。本丛书入选国家出版基金项目和"十三五"国家重点图书出版规划项目，体现了行业对其价值的肯定和认可。

现阶段 BIM 本身还不够完善，BIM 的发展还在继续，需要通过实践不断改进。水利水电行业是一个复杂的行业，整体而言，BIM 在水利水电工程方面的应用目前尚属于起步阶段。我相信，本丛书的出版对水利水电行业实施基于 BIM 的数字化、信息化战略将起到有力的推动作用，同时将推进与 BIM 有机结合的新型生产组织方式在水利水电企业中的成功运用，并将促进水利水电产业的健康和可持续发展。

清华大学教授，BIM 专家

2020 年 7 月

丛书前言

　　水利水电工程是重要的国民基础建设，现代水利工程除了具备灌溉、发电功能之外，还实现了防洪、城市供水、调水、渔业、旅游、航运、生态与环境等综合应用。水利行业发展的速度与质量，宏观上影响着国民经济与能源结构，微观上与人民生活质量息息相关。

　　改革开放以来，水利水电事业发展如火如荼，涌现了许许多多能源支柱性质的优秀水利水电枢纽工程，如糯扎渡、小湾、三峡等工程，成绩斐然。然而随着下游流域开发趋于饱和，后续的水电开发等水利工程将逐渐向西部上游区域推进。上游流域一般地理位置偏远，自然条件恶劣，地质条件复杂，基础设施相对落后，对外交通条件困难，工程勘察、施工难度大，这些原因都使得我国水利水电发展要进行技术革新以突破这些难题和阻碍。解决这个问题需要国家、行业、企业各方面一起努力。水利部已经发出号召，在水利领域内大力发展 BIM 技术，行业内各机构和企业纷纷响应。利用 BIM 技术可以整合产业链资源，实现全产业链的协同工作，促进行业信息化发展，已经在建筑行业产生了重大影响。对于同属工程建设领域的水利水电行业，BIM 技术发展起步相对较晚、发展缓慢，如何利用 BIM 技术将水利水电工程的设计建设水平推向又一个全新阶段，使水利水电工程的设计建设能够更加先进、更符合时代发展的要求，是水利人一直以来所要研究的课题。

　　中国电建集团昆明勘测设计研究院有限公司（以下简称"昆明院"）于 1957 年正式成立，至今已有 60 多年的发展历史，是世界 500 强中国电力建设集团有限公司的成员企业。昆明院自 2005 年开始三维设计及 BIM 技术的应用探索，在秉承"解放思想、坚定不移、不惜代价、全面推进"的指导方针和"面向工程、全员参与"的设计理念下，开展 BIM

正向设计及信息技术与工程建设深度融合研究及实践，在此基础上凝练提出了 HydroBIM，作为水利水电工程规划设计、工程建设、运行管理一体化、信息化的最佳解决方案。HydroBIM 即水利水电工程建筑信息模型，是学习借鉴建筑业 BIM 和制造业 PLM 理念和技术，引入"工业4.0"和"互联网＋"概念和技术，发展起来的一种多维（3D、4D－进度/寿命、5D－投资、6D－质量、7D－安全、8D－环境、9D－成本/效益……）信息模型大数据、全流程、智能化管理技术，是以信息驱动为核心的现代工程建设管理的发展方向，是实现工程建设精细化管理的重要手段。2015 年，昆明院 HydroBIM® 商标正式获得由原国家工商行政管理总局商标局颁发的商标注册证书。HydroBIM 与公司主业关系最贴切，具有高技术特征，易于全球流行和识别。

经过十多年的研发与工程应用，昆明院已经建立了完整的 HydroBIM 理论基础和技术体系，编制了 HydroBIM 技术标准体系及系列技术规程，研发形成了"综合平台＋子平台＋专业系统"的 HydroBIM 集群平台，实现了规划设计、工程建设、运行管理三大阶段的工程全生命周期 BIM 应用，并成功应用于能源、水利、水务、城建、市政、交通、环保、移民等多个业务领域，极大地支撑了传统业务和多元化业务的技术创新与市场开拓，成为企业转型升级的利器。HydroBIM 应用成果多次荣获国际、国内顶级 BIM 应用大赛的重要奖项，昆明院被全球最大 BIM 软件商 Autodesk Inc. 誉为基础设施行业 BIM 技术研发与应用的标杆企业。

昆明院 HydroBIM 团队完成了《水利水电工程信息化 BIM 丛书》的策划和编写。在十多年的 BIM 研究及实践中，工程师们秉承"正向设计"理念，坚持信息技术与工程建设深度融合之路，在信息化基础之上整合增值服务，为客户提供多维度数据服务、创造更大价值，他们自身也得到了极大的提升，丛书就是他们十多年运用 BIM 等先进信息技术正向设计的精华大成，是十多年来三维设计及 BIM 技术研究与应用创新的系统总结，既可为水利水电行业管理人员和技术人员提供借鉴，也可作为高等院校相关专业师生的参考用书。

丛书包括《HydroBIM－数字化设计应用》《HydroBIM－3S 技术集成应用》《HydroBIM－三维地质系统研发及应用》《HydroBIM－BIM/CAE 集成设计技术》《HydroBIM－乏信息综合勘察设计》《HydroBIM－

厂房数字化设计》《HydroBIM－升船机数字化设计》《HydroBIM－闸门数字化设计》《HydroBIM－EPC总承包项目管理》等。2018年，丛书入选"十三五"国家重点图书出版规划项目。2021年，丛书入选2021年度国家出版基金项目。丛书有着开放的专业体系，随着信息化技术的不断发展和BIM应用的不断深化，丛书将根据BIM技术在水利水电工程领域的应用发展持续扩充。

丛书的出版得到了中国水电工程顾问集团公司科技项目"高土石坝工程全生命周期管理系统开发研究"（GW－KJ－2012－29－01）及中国电力建设集团有限公司科技项目"水利水电项目机电工程EPC管理智能平台"（DJ－ZDXM－2014－23）和"水电工程规划设计、工程建设、运行管理一体化平台研究"（DJ－ZDXM－2015－25）的资助，在此表示感谢。同时，感谢国家出版基金规划管理办公室对本丛书出版的资助；感谢马洪琪院士为丛书题词，感谢钟登华院士、陈祖煜院士、刘志明副院长、马智亮教授为本丛书作序；感谢丛书编写团队所有成员的辛勤劳动；感谢欧特克软件（中国）有限公司大中华区技术总监李和良先生和中国区工程建设行业技术总监罗海涛先生等专家对丛书编写的支持和帮助；感谢中国水利水电出版社为丛书出版所做的大量卓有成效的工作。

信息技术与工程深度融合是水利水电工程建设发展的重要方向。BIM技术作为工程建设信息化的核心，是一项不断发展的新技术，限于理解深度和工程实践，丛书中难免有疏漏之处，敬请各位读者批评指正。

丛书编委会

2021年2月

前言

    近年来，随着建筑信息模型（Building Information Modeling，BIM）技术和计算机辅助工程（Computer Aided Engineering，CAE）技术在建筑行业的快速发展，水利水电行业对其进行的探索也在不断深入。BIM技术的特点在于利用核心建模软件构造建筑物的三维数字信息模型，该模型具有可视化、模拟、协调、优化等优点。CAE技术的优势则体现在计算分析能力上，利用其对复杂建筑物进行结构分析来优化设计，保证工程安全可靠。因此，通过集成BIM和CAE技术，使得CAE可以在项目发展的任何阶段从BIM模型中自动抽取各种模拟、分析、优化所需要的数据进行计算，可为工程全生命周期安全分析评价提供数据支持，在保证设计安全性的同时，提升工作效率。

    本书系统地介绍了BIM和CAE集成技术的理论、方法及关键技术，并通过在重力坝、土石坝、引调水工程中的具体应用验证了BIM/CAE集成技术在水利水电工程中应用的高效性和合理性。将BIM/CAE集成技术运用在水利水电工程勘测设计、施工建造、运行维护等各个阶段，实现了BIM模型与CAE分析技术的高效融合与动态传输，通过对工程建设全生命周期BIM模型的不断分析优化，保证设计合理性和施工、运维安全性。相比传统工程建设方式，BIM/CAE集成技术可以明显简化建设流程，提高设计优化和工程建设效率，具有广阔的应用前景。通过工程应用实践，也体现了BIM/CAE集成技术在水利水电行业应用的巨大价值，对水利水电行业的智能化发展具有重要的参考价值。

    全书共10章，第1章介绍了BIM/CAE集成技术的概念，总结了国内外BIM/CAE集成技术的研究及应用现状，讨论了BIM/CAE集成技术的研究价值和在水利水电工程领域的发展趋势；第2章着重介绍了水利水电工程 BIM/CAE 集成体系；第 3 章介绍了水利水电工程 BIM/CAE 集成模型；第 4 章介绍了水利水电工程 BIM/CAE 集成分析；第 5 章介绍了水利水电工程 BIM/CAE 动态反馈优化；第 6 章以混凝土重力坝为例，对勘测设计、施工建设、运行维护三个阶段的 BIM 模型建立、CAE 分析业务种类、BIM/CAE 集成分析应用效果进行了详细说明；第 7 章以土石坝为例，对勘测设计、施工建设、运行维护三个阶段的 BIM 模型建立、CAE 分析业务种类、BIM/CAE 集成分析应用效果进行了详细说明；第 8 章以引调水工程为例，对设计阶段的 BIM 模型建立、CAE 分析业务种类、BIM/CAE 集成分析应用效果进行了详细说明；第 9 章以边坡与围岩洞室为例，介绍了 BIM/CAE 集成分析的实践。第 10 章总结和概括了本书所做的研究工作，对研究过程中存在的不足进行了思考，并提出了未来的研究发展方向。

本书在编写过程中得到了中国电建集团昆明勘测设计研究院有限公司各级领导和同事的大力支持和帮助，得到了天津大学建筑工程学院水利水电工程系的鼎力支持，中国水利水电出版社也为本书的出版付出诸多辛劳，在此一并表示衷心感谢！

限于作者水平，谬误和不足之处在所难免，恳请批评指正。

编者

2021 年 1 月

目 录

第 1 章

绪　　论

1.1　BIM/CAE 集成技术简介

BIM 技术可以把工程建设的三大阶段（设计、建造、运行维护）有机地组织起来，将有关的人员、技术、管理及数据流等信息有机集成，服务于工程建设的全生命周期。在"互联网＋"的发展浪潮下，BIM 技术正朝着集成化的方向发展，并成为各种应用、数据及价值创造的核心驱动。

大多数情况下工程中常将 CAD 作为主要设计工具，CAD 图形本身没有或极少包含各类 CAE 分析所需的项目模型非几何信息（如材料的物理、力学性能）和外部作用信息。在传统的工程结构设计分析方法中，项目团队必须参照 CAD 图形，使用 CAE 软件的前处理功能重新建立所需的计算模型。在计算完成后，根据计算结果调整 CAD 设计，再进行下一次计算分析。由于上述过程工作量大、成本高且容易出错，因此大部分 CAE 分析常被用于对已经确定的设计方案进行验证性计算，缺乏基于 CAE 分析的多方案迭代，难以确定最优指标。CAE 作为决策辅助的重要作用并没有得到很好发挥。

采用 BIM 技术作为主要设计工具时，能够从质地、性能、位置、复杂关系等诸多方面进行比较，比起传统二维 CAD 图纸更能体现设计思想。在 BIM/CAE 集成设计分析过程中，BIM 模型进行格式转换为能够进行 CAE 计算的通用格式，可以直接利用 CAE 软件中的前处理功能进行网格剖分，也可以利用前处理软件和脚本程序进行网格剖分。另外，BIM 设计软件一般都具有参数驱动功能，设计的三维实体成果进行有限元 CAE 分析后，可以通过修改已完成方案的某些约束参数来实现对原设计方案的修改，使得优化原设计方案变得简单、可靠。

在制造业相关应用领域，利用 CAD 技术在零件装配设计期间进行材料刚度、强度复杂计算，计算数据可以应用 CAE 技术进行静动力学分析和强度校核，分析结果又能反馈调整 CAD 设计，实现了数据双向反馈和产品优化。在水利水电工程领域，将 BIM/CAE 进行集成，改变了数据只能在 BIM 建模和 CAE 分析间单向传递的工作模式，使得设计和分析过程的联系更加紧密，提高了两种技术的应用效率。BIM 模型包含了一个项目完整的几何、物理、性能等信息，CAE 可以在项目发展的任何阶段从 BIM 模型中自动抽取各种分析、模拟、优化所需要的数据进行计算。设计人员可根据计算结果对设计方案进行动态调整，直到产生满意的设计方案。因此，BIM 的应用可以使 CAE 作为项目设计方案的决策依据。

将 BIM 和 CAE 集成技术应用到水利水电工程复杂有限元分析的精细建模与仿真计算中，将大大提高建筑物设计—分析—优化过程的效率，为水利水电工程提供一种有效可行的设计分析一体化方法。

1.2 BIM/CAE 集成技术应用现状

1.2.1 国内外应用现状

国外 CAE 技术应用起步较早，在 20 世纪 90 年代中期就形成了以 CAE 分析功能为主的商业软件产品，在经过大量工程应用检验后逐渐成熟。近年来，国外 CAE 厂商已将 CAE 技术集成到 CAD、CAM 等设计软件内，以发挥 CAE 更大的应用价值，如 CATIA、Pro/E、Solid Edge 等都实现了与 CAE 的集成应用，可以更好地辅助产品设计。国外学者也在不断研究扩展 CAE 集成技术。Khan 等利用 HDF 分层数据格式将 CAE 与 CAD 集成，以处理复杂的设计与分析模型，为二者搭建不间断的集成分析平台；Boussuge 等研究以蜂窝建模的形式，将包括仿真目标的高级建模过程和理想化决策集成到 CAE 模型中，从而加快从 CAD 装配到生成 CAE 模型的速度。河野良坪等从 BIM 中提取 CFD 仿真所需的几何形状与边界条件，实现了 BIM 在热负荷极端与 CFD 模拟之间的数据耦合。需要重点说明的是，国外有不少研究人员针对参数化建模设计进行了研究。通过在平台搭建过程中融入参数化设计技术，开发出了能够高效进行有限元预处理、结构设计等的模块，从而有效地缩短了设计时间；同时，利用数据库技术存储设计的规范和设计参数，通过一整套参数化设计系统，可实现自动匹配预先构建的案例库进而精准完成相似任务的功能。但是，在参数化设计过程中，大多数研究仅针对 CAD 设计图形进行参数化模型创建和结构设计，与 BIM 技术相结合的研究鲜有报道。

在国内，CAE 技术的发展起步较晚。截至 2021 年，国内的 CAE 软件市场仍然被国外厂商垄断，无论是 CAE 技术水平还是软件研发水平，我国与国外都有一定的差距。但是随着国外大型 CAE 公司的横向扩张、不断整合，固化的 CAE 软件渐渐难以满足国内生产需求，国内 CAE 公司迎来了发展契机。安世亚太科技股份有限公司于 2020 年年底国产自主开发的通用仿真软件 PERA SIM 产品体系涉及结构仿真、流体仿真、电磁仿真、声学仿真，针对不同专业开发了通用结构分析软件 PERA SIM Mechanical、高级流体前处理软件 PERA SIM PreCFD、通用流体分析软件 PERA SIM Fluid。中望控股有限公司于 2019 年推出了首款全波三维电磁仿真软件 ZWSim-EM，进军 CAE 领域，旗下 CAE 产品包括 ZWMeshWorks、中望电磁仿真、中望结构仿真等，客户覆盖工程建设、制造业等行业人员。北京安怀信科技股份有限公司研发的 SimV&Ver 软件系列包含 Dynamic 结构动力学仿真、Static 结构静力学仿真、CFD 流体力学仿真、Easy2Sim 仿真自动前处理等多种工具，在飞航武器、航空发动机、铁路行业、汽车行业都有较广泛的应用。

大批国内学者也相继开展了相关研究。肖峰基于 SALOME 集成了 CAE 分析技术，开发了一款输流管道 CAE 分析集成平台，实现了一维与三维分析的数据传递，充分发挥了 CAE 集成分析的优势。撒文奇通过集成 CAD 与 CAE 分析，搭建了重力坝的设计分析集成平台，实现了 CAE 分析对 CAD 设计的快速反馈。唐兆等利用开源组件与动态封装技术，实现了 CAD/CAE 的集成，研发了高速列车子系统仿真分析一体化平台。林志华等针对水电站发电厂房结构复杂的特点，利用 Revit 建立三维模型，使用 ABAQUS 对厂房进行多种工况分析计算，从而判断结构设计的合理性。杨虎等根据自主研发的三维软件与 CAE 集成系统，将 BIM 模型直接导入 CAE 计算软件进行结构计算，且计算结果能够导回三维软件进行展示及查询。许能基于数字孪生思想和 BIM+仿真的思路，利用 ANSYS Workbench 有限元仿真平台，对某项目进行了结构仿真分析的流程验证，完善了传统 ANSYS 经典仿真环境交互性不够、边界条件加载不够直观的缺点。王文武等通过中间软件工具 Hypermesh 将三维实体模型转换为 CAE 曲面模型，再划分成板壳单元进行有限元分析计算，实现了钢闸门数字化设计过程中的 BIM/CAE 设计计算一体化，有效解决了设计模型和计算模型的衔接过渡问题。张洪波等将 Revit 建立的节制闸三维模型导入有限元软件迈达斯 GTS 进行三维仿真模拟，实现了施工分步三维有限元计算。毛拥政等将 CATIA 建立好的水工建筑物等实体模型导入有限元仿真计算软件，将模型的建立和工程计算有效地分割开来，弥补了有限元仿真计算软件建模能力的不足。马文琪等运用 BIM 技术，建立精细化三维公路高边坡模型，考虑地形起伏、地质分布不均的空间影响，实现了真实环境下三维边坡开挖的有限元数值分析。

3

随着 BIM 技术的不断发展，在工程建设领域由 CAD/CAE 分析转向 BIM/CAE 分析的应用研究正在不断深入，并成为重要发展方向。常见的优化设计工作方式是由设计人员在 BIM 平台中建立结构模型后，计算分析人员通过 CAE 软件的数据结构将模型导入，并划分网格、施加边界，对荷载进行初步试算。若计算结果反映的结构不满足设计要求，则需要由设计人员重新返回 BIM 平台对模型进行修改，再将新模型交予计算分析人员重复其计算过程，这种数据只能从 BIM 向 CAE 单向传递的工作方式使得设计和分析过程的联系不够紧密，很难将 CAE 结构计算成果在三维设计 BIM 软件里进行综合展现，从而大大降低了两种技术的应用效率。因此，研究 BIM 模型与 CAE 分析之间的深入转化技术和 BIM 在线设计分析一体化技术是十分必要的。

1.2.2 主流 BIM 软件与 CAE 集成应用现状

截至 2021 年，尚没有针对水利水电行业的三维设计软件，在水利水电工程 BIM 设计阶段出现了多平台多软件的应用现状。行业内主流 BIM 软件主要有 AUTODESK 系列、BENTLEY 系列、CATIA 系列，主流 CAE 分析软件主要有 ABAQUS、ANSYS、MSC 等。随着 BIM 技术的不断发展，BIM 模型既包含几何表达又具有信息集成的优势逐渐显现出来，可以为 CAE 仿真分析提供必需的模型与仿真参数，但大多数 BIM 应用软件主要以满足单项应用为主，集成性高的 BIM 应用系统很少，BIM 与 CAE 的集成应用目前还在探索阶段。

下面具体介绍部分主流 BIM 软件的主要功能及其与 CAE 集成应用的现状。

(1) AUTODESK。作为国内 BIM 软件中的主流，AUTODESK 具有强大的族功能，支持可持续设计、碰撞检测、施工规划和建造，同时可促进工程师、承包商、业主间的沟通协作。设计过程中的所有变更都会在相关设计与文档中自动更新，实现设计分析流程上的协调一致，获得更加可靠的设计文档。旗下包括 Revit、Inventor、Architecture、Structure、MEP、Naviswork、Quantity Takeoff 等系列软件。尤其是 Revit 具备强大的建模功能，可以创建 DWG、DXF、DGN、SAT、DWF、FBX、gbXML、IFC 等格式的交换文件，但是官方并没有提供从 Revit 到 ABAQUS、ANSYS、MSC 等有限元软件的数据转换接口。而 Autodesk Inventor 作为一款强大的三维可视化实体模拟软件，其借助 ANSYS Design Space 可直接进行应力和疲劳分析。

(2) BENTLEY。BENTLEY 建立了 MicroStation 平台对其旗下的 BIM 软件进行管理，针对不同专业分别研发了不同的 BIM 软件，涉及范围包括地理、土木、工厂及建筑等领域，在道路、桥梁、施工、市政、设计、机电等各个方面都有完整独立体系的 BIM 软件套组。BENTLEY 的特点是可以支持 DNG 和 DWG 两种文件格式，功能包括三维参数化建模、曲面和实体造型、管线建模、设施规划、GIS 映射、3D HVAC 建模。旗下包括 Structual、Building、Mechanical Systems、Building Electrical Systems 等系列软件，但官方没有提供与 ABAQUS、ANSYS、MSC 等有限元软件的数据转换接口。

（3）CATIA。CATIA 系列产品在八大领域里提供三维设计和模拟解决方案，包括汽车、航空航天、船舶制造、厂房设计（主要是钢构厂房）、建筑、电力与电子、消费品和通用机械制造。旗下软件包括 SOLIDWORKS、ENOVIA、DELMIA、SIMULIA 等。CATIA 具备先进的混合建模技术，在 CATIA 的设计环境中，数据交互性强。其各个模块基于统一的数据平台，存在着全相关性，对于三维模型的修改，能完全体现在模型、模拟分析、模具和数控加工的程序中。同时，官方也提供了一款基于 CATIA 的有限元分析软件——ABAQUS for CATIA V5，它为用户提供了集成在 CATIA V5 的使用环境中、采用功能强大的 ABAQUS 求解器进行非线性有限元分析的功能，使得结构设计和分析一体化，避免了传统 BIM 技术只能表达无法分析的问题，又优化了传统 CAE 技术中绘图和建模不够人性化的不足，在一定程度上实现了 BIM 与 CAE 的集成。

通过上述介绍发现，现阶段绝大多数 BIM 软件都缺乏与 CAE 分析软件的接口。BIM 技术的应用仍停留在三维可视化、工程算量、工程项目管理等层面上，使得 CAE 分析与三维模型设计过程相分离。CAE 分析往往是在 BIM 设计工作完成之后单独进行，而不是贯穿于设计工作中与 BIM 设计不断优化交互，只能对 BIM 三维设计成果进行验证而无法在实际设计过程中集成 CAE 分析并进行快速反馈，难以与 CAE 分析软件相结合，难以验证工程设计方案的合理性。与 BIM 软件相比，传统的 CAE 分析软件的建模能力薄弱。建立概化模型是 CAE 分析所必需的数据前置处理过程，也是 CAE 分析在实际应用中的主要困难。经验表明，分析人员需要花费整体工作周期的约 80% 的时间在建模上，如何快速、准确、高质量的 CAE 建模方法仍是重要的研究方向。

在水利水电工程中，将 BIM 技术与 CAE 软件相结合，不仅能保留 BIM 技术原有的诸多优势，发挥 BIM 软件强大的建模功能，而且能结合水利水电工程工作条件复杂、施工难度大、对环境影响大、失事后果严重的特点，在岩土设计、结构设计、水力设计、水文设计等应用场景运用 CAE 分析，进行应力计算、抗滑稳定计算、温控计算、抗震计算、渗流计算、沉降计算、围岩稳定计算、泄流计算、消能计算、过流能力计算、水头损失计算、高速水流计算等，校核设计方案的合理性。

BIM/CAE 集成分析在水利水电工程全生命周期建设过程中贯穿预可行性研究设计阶段、可行性研究设计阶段、施工阶段、运行投产阶段，前两个阶段一般占据了工程设计的大部分时间和资金，对工程起决定性作用。BIM/CAE 集成的辅助工程在前两个阶段中对提高设计效率和设计质量发挥重要作用。以其宗水利枢纽为例，结合预可行性研究阶段研究内容，对初步设计的典型建筑物（包括堆石坝、厂房、溢洪道、进水口、导流洞）进行 CAE 分析，并结合 BIM/CAE 集成分析下的设计修改快速反应机制，对不满足设计要求的结构进行局部修改，完成对预可行性研究阶段设计工作的校核。但是仍需要对施工阶段、运行投产阶段的实施方法进行深入研究，因此，BIM 与 CAE 集成技术的应用，也是推进水利水电工程设计施工一体化模式实施的重要手段。

1.3 BIM/CAE 集成技术的价值

在勘测设计阶段，CAE 的作用是通过计算优化改进结构，使结构在保证工程安全和使用功能的同时最大限度地提升设计的科学性和合理性。而 BIM 三维模型不仅可以直观动态地显示项目模型，在工程施工前期就获得工程相关数据信息，而且可以减少由于工程技术人员和工程施工人员的专业知识和理解之间的差异产生的交流障碍。BIM＋CAE 是分别应用两种技术针对建立模型和仿真分析两个不同业务进行处理分析，分别进行设计和仿真，只是采用了两种技术手段，BIM 与 CAE 相对比较独立，并没有考虑二者的结合。BIM/CAE 集成技术深入研究了有限元分析过程，通过二次开发建立数据转换接口和建立 BIM/CAE 联动机制，实现集成分析结果双向反馈，是 BIM 设计与CAE 分析结合应用的深入研究。通过 BIM/CAE 集成技术，可以对设计方案进行比选和优化，仿真分析操作流程如图 1.3-1 所示。BIM 和 CAE 的集成能够在工程施工前期及时优化设计图纸，提升工程设计效率。

在建设阶段，CAE 技术与 BIM 的结合可以缩短工程设计阶段结构设计和分析循环周期，在施工前预先发现潜在的设计问题，确定工程的最优设计方案，使其满足实际施工环境要求；同时，基于 BIM 集成的施工期信息，完成实时进度信息模型构建及进度偏差分析。CAE 可以从数据库实时读取施工期任何进度阶段的信息，进行安全稳定性分析相关计算，并据此对设计方案进行实时动态调整与优化，保障工程施工安全，提高工程建设效率，减少建设成本，并将仿真分析结果传入 BIM 模型，保证工程信息的完整性，便于运行维护阶段查阅。

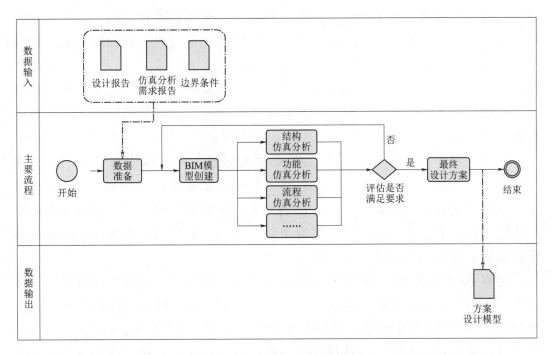

图 1.3-1 仿真分析操作流程

BIM 模型中包含设计和建设过程中的全部信息，一旦在运行维护阶段建筑物出现问题或发生地震造成地质条件的改变，可在 CAE 分析软件中及时更新对应模型及其相关的参数信息，通过不断地反馈优化进行应急处理，保证建筑物的安全稳定运行。

黄登水电站在设计阶段对混凝土拱坝、混凝土重力坝、面板堆石坝等坝型建立 BIM 模型并通过 CAE 分析比较稳定性和经济性，决定采用混凝土重力坝方案。在建设阶段，利用预先建立的 BIM 模型对施工期地下洞室围岩稳定性进行 CAE 分析预测，依据 BIM/CAE 集成分析结果，对主厂房、主变室等多个设计方案进行了优化变更，优化了锚索支护方案。在运行维护阶段，针对正常运行工况和突发不利工况，CAE 结合基于 BIM 的大规模精细化和全尺度分析，对监测数据异常点进行排查和处理，保证坝体安全运行。

由此可见，BIM/CAE 集成分析技术在工程勘测设计、建设和运行维护阶段具有巨大的应用价值，实现 BIM/CAE 分析的高效化、便捷化、自动化是保证工程安全的有效手段。

1.4 BIM/CAE 集成技术在水利水电工程领域的发展趋势

水利水电工程项目规模大，协同设计专业繁多，其建设过程中设计、建造、运行均需要数个到数十个专业领域的技术人员协同工作。因此，基于互联网的分布式协同分析工作模式以及大型建设工程的全过程分析和运行实时仿真极为重要。将计算模型、设计方案、标准规范和知识性信息纳入 CAE 软件的数据库中，组建结合面向对象程序设计技术与数据库技术的高性能数据库，配合单机高性能与集群高性能计算服务器，更便捷、更高效地开展 CAE 集成分析。

未来，单一的 BIM、CAE 产品将不再被需要，将其取代的是基于互联网的、具有行业特色的、集成化与支持行业特色的套装系统。BIM 和 CAE 的集成将有助于提高模型创建和设计出图的效率和精确度，节约设计成本和缩短设计周期，也能真实地模拟工程的实际条件，发现工程中可能存在的危险并对其进行分析，提高工程设计的可靠性。

随着 BIM 技术和 CAE 技术的快速发展，更加易用、高效、自动化、人性化的 BIM/CAE 设计分析一体化系统是未来水利水电工程数字化设计的必然发展趋势。BIM/CAE 集成系统的数据不仅可以在 BIM 系统与 CAE 分析之间双向传递，通过互相关联驱动使设计和分析过程进行无缝连接，还可以对数值模拟的数据和流程进行统一管理，从而实现设计—分析—优化设计—再分析的快速循环，为水利水电工程中结构应力位移计算、流体流动计算、流体结构耦合计算、材料疲劳寿命分析、渗流场分析、温度场分析、抗滑稳定分析、边坡稳定分析、围岩稳定分析等 CAE 计算分析过程的快速反馈优化提供运行平台。

第 2 章

水利水电工程 BIM/CAE 集成体系

2.1 水利水电工程 BIM/CAE 集成体系框架

水利水电工程 BIM/CAE 集成体系框架包括三大部分，分别为 BIM/CAE 集成模型、BIM/CAE 集成分析、BIM/CAE 动态反馈优化。这三大部分又统一于规划设计 HydroBIM，并与其延伸出来的工程建设 HydroBIM 和运行管理 HydroBIM 一同归为产品交付的 I-BIM。BIM/CAE 集成体系框架如图 2.1－1 所示。

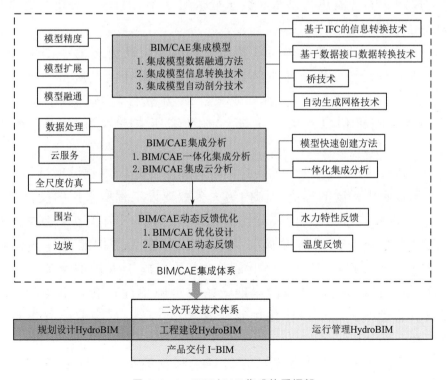

图 2.1－1　BIM/CAE 集成体系框架

1. 规划设计 HydroBIM

（1）保证概念设计阶段决策正确。在概念设计阶段，设计人员需对拟建项目的选址、方位、外形、结构型式、耗能与可持续发展问题、施工与运营概算等做出决策，BIM 技术可以对各种不同的方案进行模拟与分析，且为集合更多地参与方投入该阶段提供了平台，使做出的分析决策早期得到反馈，保证了决策的正确性与可操作性。

（2）更加快捷与准确地绘制 3D 模型。不同于 CAD 技术下 3D 模型需要由多个 2D 平面图共同创建，BIM 软件可以直接在 3D 平台上绘制 3D 模型，并且所需的任何平面视图都可以由该 3D 模型生成，准确性更高且直观快捷，为业主、施工方、预制方、设备供应方等项目参与方的沟通协调提供了平台。

（3）提高设计质量。对于传统建设项目设计模式，建筑、结构、暖通、机械、电气、通信、消防等各专业设计之间的矛盾冲突极易出现且难以解决。而 BIM 整体参数模型可以对建设项目的各系统进行空间协调、消除碰撞冲突，大大缩短了设计时间且减少了设计错误与漏洞。同时，结合运用与 BIM 建模工具具有相关性的分析软件，可以就拟建项目的结构合理性、空气流通性、光照、温度控制、隔音隔热、供水、废水处理等多个方面进行分析，并基于分析结果不断完善 BIM 模型。

（4）灵活应对设计变更。BIM 整体参数模型自动更新的法则可以让项目参与方灵活应对设计变更，减少例如施工人员与设计人员所持图纸不一致的情况。对于施工平面图的一个细节变动，Revit 软件将自动在立面图、截面图、3D 界面、图纸信息列表、工期、预算等所有相关联的地方做出更新修改。

（5）提高可施工性。设计图纸的实际可施工性是国内建设项目经常遇到的问题。由于专业化程度的提高及国内绝大多数建设工程所采用的设计与施工分别承发包模式的局限性，设计人员与施工人员之间的交流甚少，加之很多设计人员缺乏施工经验，极易导致施工人员难以甚至无法按照设计图纸进行施工。BIM 可以通过提供 3D 平台加强设计人员与施工人员的交流，让有经验的施工管理人员参与到设计阶段早期，植入可施工性理念，更深入地推广新的工程项目管理模式（如一体化项目管理模式），从而使设计方案具备较好的可施工性。

（6）为精确化预算提供便利。在设计的任何阶段，BIM 技术都可以按照定额计价模式，根据当前 BIM 模型的工程量给出工程的总概算。随着初步设计的深化，项目各个方面（如建设规模、结构性质、设备类型等）均会发生变动与修改，BIM 模型平台导出的工程概算可以在签订招投标合同之前给项目各参与方提供决策参考，也为最终的设计概算提供基础。

（7）利于低能耗与可持续发展设计。在设计初期，利用与 BIM 模型具有互用性的能耗分析软件就可以为设计注入低能耗与可持续发展的理念，这是传统的 2D 工具所不能实现的。传统的 2D 技术只能在设计完成之后利用独立的能耗分析工具介入，这就大大降低了为满足低能耗需求而进行修改设计的效率。除此之外，各类与 BIM 模型具有互用性的其他软件都在提高建设项目整体质量上发挥了重要作用。

2. 工程建设 HydroBIM

（1）施工前改正设计错误与漏洞。使用 CAD 时，各系统间的冲突碰撞极难在 2D 图纸上识别，往往直到施工进行到一定阶段才被发现，不得已返工或重新设计；而 BIM 模型将各系统的设计整合在一起，系统间的冲突一目了然，在施工前改正解决，加快了施工进度，减少了浪费，甚至很大程度上避免了各专业人员间产生纠纷。

（2）4D 施工模拟、优化施工方案。BIM 技术将与 BIM 模型具有互用性的 4D 软件、项目施工进度计划与 BIM 模型连接起来，以动态的三维模式模拟整个施工过程与施工现场，能及时发现潜在问题和优化施工方案（包括场地、人员、设备、空间冲突、安全问题等）。同时，4D 施工模拟还包含了临时性建筑和机器（如起重机、脚手架、大型设备等）的进出场时间，为节约成本、优化整体进度安排提供了帮助。

（3）BIM 模型成为预制装配式建造的基础。细节化的构件模型可以由 BIM 设计模型生成，可用来指导预制生产与施工。由于构件是以 3D 的形式被创建的，这就便于数控机械化自动生产。当前，这种自动化的生产模式已经成功地运用在钢结构加工与制造、金属板制造等方面，也可用于生产预制构件、玻璃制品等。这种模式方便供应商根据设计模型对所需构件进行细节化的设计与制造，准确性高且缩减了造价与工期；同时，消除了利用 2D 图纸施工时出现的由于周围构件与环境的不确定性导致构件无法安装甚至重新制造的问题。

（4）使精益化施工成为可能。由于 BIM 参数模型提供的信息中包含了每一项工作所需的资源，包括人员、材料、设备等，为总承包商与各分包商之间的协作提供了基础，最大化地保证资源准时制管理，削减不必要的库存管理工作，减少无用的等待时间，提高生产效率。

3. 运行管理 HydroBIM

BIM 参数模型可以为业主提供建设项目中所有系统的信息，在施工阶段做出的修改将全部同步更新到 BIM 参数模型中并形成最终的 BIM 竣工模型，该竣工模型作为各种设备管理的数据库，为系统的维护提供依据。BIM 可同步提供有关工程结构使用情况或性能、现场工作人员情况、运行维护状态等信息；同时，BIM 可提供数字更新记录，为传递工程运维管理信息提供更直观、准确的可视化展示工具；BIM 还能促进标准工程结构模型对不同施工场地条件的适用。有关工程结构的文档资料和数据信息，依靠 BIM 模型可以节省大量对其进行整理、汇总的时间，实现有效保存并方便及时调取使用，可以提高工程运营过程中的收益与成本管理水平。

4. 二次开发技术体系

水利水电工程 BIM/CAE 集成设计一体化设计路线如图 2.1-2 所示。可以看出在水利水电工程不同的应用方向，对分析软件的功能需求不尽相同，因此二次开发技术越来越多地出现在 BIM/CAE 集成设计技术中。实现规范化的 BIM/CAE 数据转换，需要二次开发数据传输接口程序；有限元数值仿真计算模型快速生成，需要二次开发 CAE 软件数据库读取程序；提取 BIM 模型特征信息并记录于中间交换模型，实现目标模型信息重构，需要对 BIM 软件进行二次开发；基于有限元分析软件平台的仿真计算程序，需要通过对 CAE 软件二次开发实现；搭建 BIM/CAE 分析一体化平台，需要采用二次开发脚本程序，调用 BIM/CAE 软件来完成功能。综上所述，二次开发技术是实现 BIM/CAE 集成设计分析的关键技术，本书对 BIM/CAE 集成设计二次开发技术体系进行了梳理，如图 2.1-3 所示。

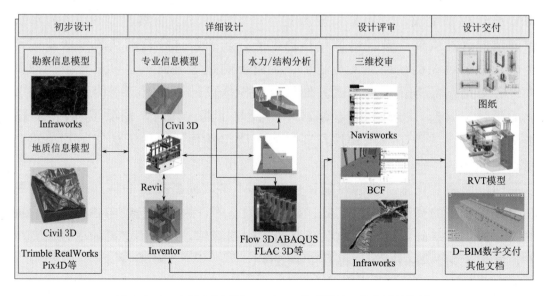

图 2.1-2 水利水电工程 BIM/CAE 集成设计一体化设计路线

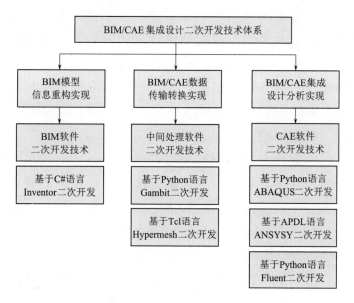

图 2.1-3 BIM/CAE 集成设计二次开发技术体系

2.2 水利水电工程 BIM/CAE 集成协作技术路线

2.2.1 BIM/CAE 协作特征分析

随着信息与通信技术的不断发展，水利水电行业越来越重视信息化技术的研究和推广。在水利水电工程 BIM/CAE 协作方面，以计算机支持的协同工作逐渐占据主导地位，同时结合心理学、管理学、社会学、系统工程学等多个学科领域的先进知识和理念，形成了当前水利水电工程协同工作的技术和理论体系。它以水利水电工程的协同工作为研究对象，结合多学科知识，从理论上分析人们的合作与交流，特别是注重信息技术和工程建设管理的有机结合，然后利用现有技术，特别是网络通信技术、分布式处理技术、云技术、CAE 技术、"互联网＋"等建立一个协同工作的环境，从而保证水利水电工程规划设计、工程建设、运行管理全生命周期的安全与效益。BIM/CAE 协作特征归纳为以下 6 项：

（1）集成化。水利水电工程是一个复杂的群体性工程，多个参与方自身的"软""硬"环境以及工作环境都存在差异，因此单一的协同方式远远不能满足水利水电工程参与方这个大群体的需求。水利水电工程建设过程中涉及多种多样的协同方式，这些协同方式集成在一起共同完成建设任务。这种集成化的协同加强了信息的交流和沟通，从而加速解决各种协调问题。

（2）网络化。随着移动互联网、云计算、云服务、物联网等的快速发展，网络化已全面渗透到水利水电行业勘测设计、物资集采、工程建设、装备制造等各项业务环节，也推动了协同应用的网络化发展。一些典型的服务和应用包括网络化协同设计、网络化协同制造、网络化协同办公等。互联网络的移动化和泛在化为水利水电协同提供了移动互联的通信服务，从而实实在在地推动了水利水电企业横、纵向协同。

（3）标准化。标准化是处理协同问题的关键之一。水利水电工程涉及的区域范围广、涵盖的企业多，所采用的技术标准、评价体系、管理流程等都存在一些差别。为了做好全行业的协同，标准之间的并轨、统一是目前协同发展的趋势和必要条件。对于 BIM 和 CAE 的协同也要制定统一的数据格式、统一的计算精度、统一的标准。

（4）创新化。协同的高级发展就是创新化，它是以知识的增值为核心，通过知识（思想、专业技能、技术）等各种创新资源在系统内的无障碍流动，以及各种创新要素（人才、资金等）在协同整体中的整合，实现更多知识的挖掘与创造，从而形成企业、行业的新型竞争力，为企业带来更多的效益。BIM/CAE 的创新源于三部分：一是 BIM 模型的创新、优化；二是 CAE 技术的创新化发展；三是 BIM 和 CAE 的融合创新。

（5）反馈机制。在坝体施工期结构安全分析过程中，BIM 的优势在于集成了施工期进度、材料分区等数据信息，并可以根据计划进度与实际进度信息实现模型的动态增长与更新；CAE 的优势在于可以根据模型与信息参数进行有限元分析，并且可使用编程语言实现流程自动化。通过建立 BIM/CAE 协作联动机制、BIM/CAE 协作反馈机制，对坝体结构安全分析进行自动化、流程化处理，便于决策者把控施工期坝体的结构安全，为确定施工方案提供决策依据。

（6）云协作。基于建立的 BIM/CAE 程序接口实现在云服务器上进行CAE 分析计算，通过调取查看云服务器的计算结果与云图，在 Web 端即可看到参数化设计的水工建筑物三维有限元分析计算情况，可以判断设计的合理性，为后续做针对性的优化调整提供依据，避免了设计者自行通过远程控制的方式进行云服务端 CAE 分析的人工出图和节点数据提取操作等繁琐步骤。此外，云协作的高性能算力保障也使 BIM/CAE 集成分析的实用价值得到充分体现。

2.2.2　BIM/CAE 集成方法

1. BIM/CAE 集成分析实现方法

在水利水电工程项目 BIM/CAE 集成协作方面，两大协作内容是全生命周期重点考虑的：一是 BIM 模型参数化建模；二是 CAE 技术数值仿真。一般来说，水利水电工程建设都在地质条件复杂和地震频繁发生的区域，仅仅采用 CAE 技术无法合理地分析工程建设中所面临的问题，因此有必要采用逆向工程技术实现 BIM/CAE 集成分析。基于逆向工程技术，实现 GIS 三维地质模型的实体化，在此基础上应用专业参数化建模软件进行三维设计，再通过 BIM/CAE 平台进行直观的分析评价。

（1）充分利用已有试验分析资料，应用 GIS 技术初步建立工程建设区域三维地质模型和水工建筑物模型。根据 BIM 平台实时获取地质参数和结构参数，快速修正地质三维统一模型。

（2）BIM/CAE 集成"桥"技术。BIM/CAE 集成"桥"技术是指依托 BIM 平台，实时将信息高效准确地导入 CAE 平台完成几何参数化建模，将连续、复杂、非规则的三维统一模型通过 NURBS 理论方法转换为离散、规则的数值模型，最后输出指定 CAE 求解器的标准文件格式。在 BIM/CAE 集成分析技术中增加一个"桥"平台，专职数据的传递和转换，在解放 BIM/CAE 的同时，将以往的混乱局面变为分工明确的模块集成系统。"桥"平台选择 Altair 公司的 Hypermesh 软件，采用 Macros 及 Tcl/Tk 开发语言，实现了与 BIM/CAE 平台间的数据通信及模型的几何重构和网格生成。

（3）基于"桥"技术的网格模型，对工程模型进行实时动态的数值分析，依托 BIM/CAE 集成分析技术实现对数值结果的快速比选评价，结合工程建设中的实际情况给出优化设计结果，极大简化了数值分析的复杂性。

2. BIM/CAE 协同方法

随着水利水电工程项目规模越来越大，项目内容和细节更加复杂，对进度、成本和质量要求也越来越高，这就需要科学的方法论来指导工程建设。如今，协同方法在水利水电工程建设中扮演着越来越重要的角色，对协同方法的研究也越来越科学化、理论化、体系化。协同方法体系就是指由这些相互独立而又相互联系的协同方法所组成的统一有机整体。BIM/CAE 协同方法体系主要包括协同规划方法、协同自动化设计、协同管理方法和协同保障方法。

（1）BIM/CAE 协同规划方法。水利水电工程方案规划主要发生在可行性研究阶段，具体工作包括收集资料、明确要求、提出方案、筛选方案，最后选定方案。基于方案的项目规划系统将提供项目备选方案的互动评估，从而创建最能满足所有利益相关者需求的概念设计和项目计划。它主要利用现有案例、商业数据、参与人员的知识经验、成本概算、进度安排等进行智能分析，利用 BIM 和 CAE 技术不断进行模拟仿真与优化，项目其他参与方与业主不断沟通需求，从而生成最优的设计方案。BIM/CAE 协同规划方法是指对项目所有的控制与管理活动进行合理的组织与协调安排时采取的方法。协同规划方法主要包括计划制定法、方案组织设计法等。我国水利水电工程建设中，项目计划的制定已经比较全面，诸如编制项目总进度计划、分项进度计划、资源成本预算计划等，多种不同的计划分别侧重各自的主题，使得工作时间、资源、成本之间的协同能在不同的层次进行。这是项目层面的，而 BIM/CAE 协同规划是指在设计 BIM 模型前就要对 BIM 模型做出合理规划，力争在 CAE 分析阶段对模型尺寸修改最少，减少返工的工作量。

（2）BIM/CAE 协同自动化设计。当前阶段，BIM/CAE 集成分析环境和分布式协同平台为水利水电工程提供了一个集成化、协同化的设计环境。通过一致的数据标准将环境中的各种工具联系在一起，能够全面实现设计、模拟、优化的协同工作。未来的设计将更加智能化、自动化，包括智能化的上下游经验知识推送、自动化的设计工具等。所有的工具将作为一个有机整体一起工作，按照设计标准及所有的功能需求来完成项目各个部分的详细设计。

（3）BIM/CAE 协同管理方法。BIM/CAE 协同管理方法是指在各个项目中 BIM/CAE 协同管理时运用的协同方法，目的在于纠正和消除在 BIM 建模过程中出现的各种偏离计划和基准的情况。在对设计好的 BIM 模型进行 CAE 分析时，要做到统筹兼顾，在原设计模型的基础上进行适当的修改，使得修改后的 BIM 模型尺寸最优，达到 BIM/CAE 协同管理的效果。

（4）BIM/CAE 协同保障方法。BIM/CAE 协同保障方法是指在各个项目中 BIM/CAE 协同管理时对可能影响协同的一些重要因素（序参量）建立起的引导或保障机制。BIM/CAE 协同时影响的因素有很多，比如使用不同的 BIM 建模软件或者是使用不同的 CAE 数值仿真软件时它们之间的数据格式不同，分析结果和精度也都不一定相同，这些都是影响协同的因素，可以采用统一数据格式、统一精度来达到协同的效果。

本章是对 BIM/CAE 集成体系进行的理论研究，在水利水电工程项目的规划阶段、设计阶段、施工阶段和运营阶段对 BIM/CAE 进行全生命周期分析，通过建立协同体系的方法对 BIM/CAE 协同进行分析，最终构建起集水库工程、生态工程、机电工程、三维地形地质以及枢纽工程于一体的水利水电工程 BIM/CAE 集成体系框架，制定出以 GIS 技术、基于云服务的数据交换技术、"桥"技术、网格模型为辅助手段的从 BIM 三维实体建模到 BIM/CAE 集成分析再到最优设计方案的技术路线。

第 3 章

水利水电工程 BIM/CAE 集成模型

3.1 集成模型数据融通方法

3.1.1 BIM/CAE 集成模型精度

1. BIM 模型精度

在水利水电工程 BIM 技术的应用中，建立和管理 BIM 模型是一项不可或缺的关键工作。然而，在项目全生命周期的不同阶段，针对模型的内容和细节方面缺乏完备的标准或技术。特别是当合同涉及模型的数字化交付时，甲乙双方需要就模型的内容和细节达成统一意见。乙方需要建立完善的数字化产品分级体系。

水利水电工程 BIM 模型精度可以较好地反映设计者对模型内容和细节的把控。美国建筑师协会以"多细节层次"（Levels of Detail，LOD）来指 BIM 模型中的模型组件在施工期不同阶段预期的"完整性"，并划分了从 100 到 500 的五种 LOD。水利水电工程中的 BIM 模型 LOD 标准也与之类似。在实践中，LOD 常常被误用于指整个水利水电工程信息模型的发展程度，并与"细节程度"混为一谈。

事实上，水利水电工程 BIM 模型不会（也不需要）是单一的模型。在水利水电工程的 LOD 定义中，通常每个工程师都非常清楚其专业应用对水利建筑信息的要求，因此经常会建立他们所需的 BIM 模型，并且也知道模型中每个组件的 LOD。然而，在三维 BIM 模型中，一个仅处于早期发展阶段的组件，其几何结构和位置尚不准确，可能会被误用，这是因为它已具有特定的三维表示，并被误认为达到了更精确的发展水平。因此，为了在 BIM 应用中通过更好的信息管理和通信来实现更好的协作，应根据各自的需求来标准化 BIM 模型组件的 LOD 描述，以便于团队之间的信息通信和交换。水利水电工程 BIM 模型 LOD 划分标准（部分）见表 3.1-1。

表 3.1-1　　　　　水利水电工程 BIM 模型 LOD 划分标准（部分）

详细等级	LOD100	LOD200	LOD300	LOD400
场地	占位表示	简单的场地布置	按图纸精确建模	概算信息
压力管道	几何信息（类型、管径等）	几何信息（支管标高）	几何信息（加保温层）	技术信息（材料和材质信息）
涵洞	不表示	几何信息（洞径）	技术信息（材料和材质信息）	产品信息（供应商、产品合格证）
阀门	不表示	几何信息（绘制统一的阀门）	技术信息（材料和材质信息）	产品信息（供应商、产品合格证）

　　水利水电工程参照国际协同工作联盟（International Alliance for Interoperability，IAI）制定的 LOD，是为了解决水利水电工程 BIM 模型组件数据信息集成到合同环境中的责任问题，即在工程项目的不同阶段应该建立不同的 BIM 模型。在此之前，不同阶段的 BIM 模型开发和组件在该阶段应包含的信息被定义为四个级别，分别为 LOD100、LOD200、LOD300、LOD400。

　　（1）LOD100：一般用于规划和概念设计。该级别包含水利水电工程项目的基本体积信息（如长度、宽度、高度、体积、位置等）。它可以帮助项目参与者，特别是设计和业主进行总体分析（如施工方向、单位面积成本等）。

　　（2）LOD200：一般用于设计开发和初步设计。包括建筑物的大概数量、大小、形状、位置和方向。同时，它也可以进行一般的性能分析。

　　（3）LOD300：通常用于详细设计。该级别下构建的水利水电工程 BIM 模型组件包含精确的数据（如大小、位置、方向等），可以进行详细的分析和仿真（如碰撞检测、施工仿真等）。此外，人们经常提到的 LOD350 是基于 LOD300 再加上与其他建筑物组件进行组装的连接件信息。

　　（4）LOD400：一般用于模型构件的加工制造和装配。BIM 模型包含完整制造、组装和详细施工所需的信息。

　　在这里还需要强调两个概念：第一，由于水利水电工程在设计过程中有其不同的发展进程，开发程度与工程项目全生命周期的各个阶段之间没有严格的对应关系；第二，没有所谓的 LOD 模式，因为不同发展阶段的 BIM 模型必然包含不同的 LOD 层级，但并非所有分量都可以或需要同时发展到相同的 LOD。

　　水利水电工程 BIM 模型包含模型单元几何信息及几何表达精度、模型单元属性信息及信息深度，几何表达精度和信息深度等级划分见表 3.1-2 和表 3.1-3。

表 3.1-2 水利水电工程 BIM 模型几何表达精度划分

等 级	英文名	代号	几何表达精度要求
1级几何表达精度	level 1 of geometric detail	G1	满足二维化或者符号化识别需求的几何表达精度
2级几何表达精度	level 2 of geometric detail	G2	满足空间占位、主要颜色等粗略识别需求的几何表达精度
3级几何表达精度	level 3 of geometric detail	G3	满足建造安装流程、采购等精细识别需求的几何表达精度
4级几何表达精度	level 4 of geometric detail	G4	满足高精度渲染展示、产品管理、制造加工准备等高精度识别需求的几何表达精度

表 3.1-3 水利水电工程 BIM 模型信息深度等级划分

等 级	英文名	代号	等级要求
1级信息深度	level 1 of information detail	N1	宜包含模型单元的身份描述、项目信息、组织角色等信息
2级信息深度	level 2 of information detail	N2	宜包含和补充 N1 等级信息，增加实体系统关系、组成和材质、性能或属性信息
3级信息深度	level 3 of information detail	N3	宜包含和补充 N2 等级信息，增加生产信息、安装信息
4级信息深度	level 4 of information detail	N4	宜包含和补充 N3 等级信息，增加资产和维护信息

2. CAE 系统

CAE 作为求解复杂工程和产品的强度、屈曲稳定性、刚度、热传导、动力响应、弹性塑性、三维多体接触等力学性能的近似数值分析方法，自 20 世纪 60 年代初开始应用于工程领域，经过 50 多年的发展，其理论和算法经历了一个从蓬勃发展到成熟的过程。它已成为工程和产品结构分析（如航天、机械、航空、民用结构等）中不可缺少的数值计算工具。同时，它也是分析连续介质力学各种问题的重要手段。随着计算机技术的普及和不断提高，CAE 系统的功能和计算精度得到了很大的提升。基于产品数字化建模的各种 CAE 系统应运而生，成为结构分析和优化的重要工具，也是计算机辅助 4C 系统的重要组成部分。CAE 系统是一个复杂的系统，它包括人员、技术、管理、信息流的有机集成和优化。如果想单独完成一个 CAE 项目，必须配备适当的软件。比较常用的 CAE 分析软件是 ABAQUS、ANSYS、ADINA、NASTRAN、MARC、COSMOS

等，每种软件都各有特点，应根据实际需求选择性使用。

结构的离散化是 CAE 的核心思想，即将实际结构离散为有限个规则单元组合。用离散体分析实际结构的物理性能，得到满足工程精度的近似结果，代替对实际结构的分析，解决了许多实际工程需要而理论分析无法解决的复杂问题。其基本过程是将复杂连续体的求解区域分解为有限且简单的子区域，即将连续体简化为有限元的等效组合；通过离散连续体解决场变量（位移、应力、压力）的问题，即将其转化为求解有限元节点上的场变量。此时得到的基本方程是代数方程，而不是描述真实连续体场变量的微分方程，近似程度取决于所用元素的类型和数量以及元素的插值函数。针对这种情况得到的近似数值解，以彩色云图等图形方式代表应力、温度、压力的分布进行表示，称这一过程为 CAE 的后处理。而 CAE 的预处理模块一般包括实体建模和参数化建模、组件的布尔运算、元素的自动划分、节点的自动编号和节点参数的自动生成、负载和材料直接输入公式的参数化导入、节点载荷的自动生成、有限元模型信息的自动生成等。在预处理过程中可以看出，CAE 的精度主要由每个 CAE 软件的预处理部分决定，比如说 ANSYS 和 ABAQUS 这两款软件，前处理部分的划分网格是影响数值分析结果精度的主要因素之一，单元网格尺寸划分得越小，网格越密，有限元模型计算精度越高，计算结果越趋近于真实解。但是网格划分过密会导致计算的规模和存储空间迅速增加，从而降低计算效率。尤其是对于碰撞、冲击、爆炸、波传播仿真等动力学分析来说。在计算效率、存储空间、精确度这三个方面要有所权衡，在满足求解精度的条件下，尽量使得计算效率高、存储空间小。

3. 集成模型精度

集成就是使一些孤立的事物或元素通过某种方式集中在一起产生联系，从而构成一个有机整体的过程。水利水电工程 BIM 与 CAE 集成指的是将建筑信息模型与计算机辅助分析联系起来。实际上在一个工程中，设计常常是一个根据需求不断寻求最佳方案的循环过程，而支持这个过程的就是对每一个设计方案的综合分析比较。一个典型的 BIM/CAE 设计流程如图 3.1-1 所示。

在大多数以 CAD 作为主要设计工具的情况下，CAD 图形本身没有或极少包含各类 CAE 系统所需要的项目模型非几何信息（如材料的物理、力学性能）和外部作用信息。在进行计算之前，项目团队必须参照 CAD 图形使用 CAE 系统的前处理功能重新建立 CAE 需要的计算模型和外部作用；在计算完成以后，需要人工根据计算结果用 CAD 调整设计，然后再进行下一次计算。在这个过程中，CAE 系统只是被用来作为对已经确定的设计方案的一种事后计算，其作为决策依据的根本作用并没有得到很好地发挥。

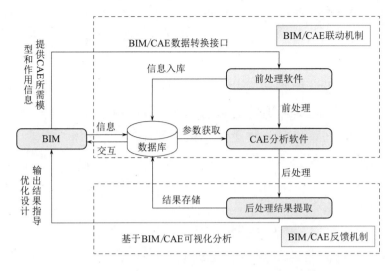

图 3.1-1 一个典型的 BIM/CAE 设计流程图

从图 3.1-1 中可以很清楚地了解到 BIM 和 CAE 的联系。BIM 模型包含了一个项目完整的几何、物理、性能等信息，通过 BIM/CAE 联动机制实现作用信息、边界条件等从 BIM 至 CAE 的正向转换，CAE 可以在项目发展的任何阶段从 BIM 模型中自动抽取各种分析、模拟、优化所需要的数据进行计算，再通过 BIM/CAE 的反馈机制将计算结果反馈至 BIM。项目团队根据计算结果调整项目设计方案后又可以立即对新方案进行计算，直到满意的设计方案产生为止。因此，BIM 的应用给 CAE 重新带来了活力，二者的集成也更能促进行业的进步和设计理念、思维的不断发展。从上面介绍可知，水利水电工程 BIM 和 CAE 集成模型精度受到 BIM 模型精度和 CAE 计算结果精度的影响，所以在考虑集成模型精度时不仅要考虑 BIM 模型还要考虑 CAE 系统，要想提高集成模型的精度，就不能只提高两者中的一个。

BIM 的 LOD 精度是堆积细部结构的能力，LOD 反映的是模型的细致程度，提高 LOD 的精度可以提高 LOD 的等级，水利水电工程中最高等级为 LOD400，但是每两个等级之间的升级，也就是从低级别提高到高级别时需要花费很长的时间。CAE 计算的模型精度是反映简化模型后仍然能表现出关键因素的能力，CAE 计算需要对模型进行细节删除和降维等简化处理，并不是精度越高计算结果越准确，需要一定的分析经验。实际应用过程中需要考虑以下内容：

（1）由于水利枢纽工程建筑物结构复杂，而 BIM 设计是一种注重细节的设计手段，其构建的三维模型是面向设计的，它所包含的诸多结构细节对 CAE 分析结果影响不大，但是对网格剖分效率和 CAE 分析速度具有较大影响。

（2）CAE 模块对于实体模型相邻体、面间关系及结合类型具有特殊要求，而 BIM 模型处理这类问题时所采用的容差与 CAE 模型具有一定的区别，因此，如何将导入的 BIM 模型匹配成为完全符合 CAE 分析要求的模型是有限元仿真计算的基础。

（3）BIM 三维设计模型成果往往较为复杂，且建模方式与在 CAE 系统中直接建模的方式有所区别，因此直接导入的 BIM 模型不完全符合工程剖分原则，导致单元剖分效率和剖分质量受到极大影响。

水利水电工程 BIM/CAE 集成分析过程中采用几何表达精度 G 大于模型信息深度等级 N 的 BIM 模型，将细致、复杂、真实的 BIM 模型简化为抽象的、不包含过多附属细节的 CAE 分析模型，应用于网格剖分、定义单元属性、设定接触关系等 CAE 集成分析环节。

未来 BIM 设计人员需要具备一定的 CAE 分析能力，对于 CAE 模型特点有一定的了解，在进行 BIM 正向设计时应该考虑到集成 CAE 分析的需要，在建立 BIM 模型过程中融入 CAE 建模思想，才能解决应用过程中 BIM/CAE 集成模型精度选择的问题。

3.1.2 BIM/CAE 集成模型扩展

1. BIM 模型 IFC 标准及扩展

信息交换与共享作为 BIM 的核心，其关键在于建立一个通用的数据交换标准。有了统一的数据表达和传输标准，不同应用系统之间就有了共同的语言，信息交流和共享才成为可能。基于这种思想，国际协同工作联盟 IAI 为建筑行业制定了建筑业国际工业标准（Industry Foundation Classes，IFC）。

BIM/CAE 集成模型信息往往不是来源于单一系统平台，而多平台的信息整合，需要解决的首要问题就是数据交换。IFC 作为 BIM 模型中一个规范、通用的数据交换标准，打通了 BIM 软件的数据交换通道，使得不同平台之间的数据与信息得以流通。但由于 IFC 数据标准目前主要针对建筑业，Hydro-BIM 所针对的水利水电行业中较多的构件无法在 IFC 标准中找到，并且水利水电行业中不同单位所使用的 BIM 平台也不尽相同，因此通过研究 IFC 标准进行模型信息扩展，对打破水利水电行业不同单位不同 BIM 平台的数据信息交互壁障具有至关重要的意义。

BIM 模型扩展实际上指的是 BIM 数据格式的扩展。IFC 标准是通过一个分层和模块化的框架包含和处理各种信息，自下而上分为四个层次，分别是资源层、框架层、共享层、领域层，每个层次又包含若干模块，同时遵守一个原则：每个层次只能引用同层和下层的信息资源，而不能引用其上层资源。遵守了这一原则，上层资源变动时，下层资源就不会受到影响，保证了信息描述的稳定性。IFC 扩展方式具体分为以下三类：

（1）基于属性集的扩展。属性集扩展是 IFC 标准提供的一种主要扩展方式。如通过 IfcRelDefinedByProperties（属性关系实体）可以将 IFC 体系中与墙相关的预定义属性集 Pset_ReinforcementBarPitchOfWall（钢筋与墙的间距信息）、Pset_WallCommon（墙的通用属性）及自定义属性集（如描述合同信息的 Pset_WallContractInfo_S 等）与多个 IfcWallStandardCase（标准墙实体）建立关联关系，即利用增加属性集实现对墙实体属性的扩展。

（2）基于 IfcProxy 实体的扩展。IfcProxy 是处于核心层的一个预定义实体，通过对其实例化，并赋予相应的属性集和几何信息描述，即可构造出 IFC 标准中未定义的信息实例，因此 IfcProxy 也可以说是一种基于实例的扩充方式。IfcProxy 继承自 IfcProduct，增加了 ProxyType 和 Tag 属性，其中 ProxyType 属性用于表示扩展实体的实体类型，包括 PRODUCT、PROCESS、CONTROL、RESOURCE、ACTOR、GROUP、PROJECT 及 NOTDEFINED，分别代表建筑产品、过程、控制、资源、人员、群组、项目及用户自定义类型；Tag 属性用于确定扩展实例的标识符。当 IfcProxy 实例类型为 PRODUCT 时，可通过超类 IfcProduct 的 ObjectPlacement 和 Representation 属性分别确定实例的空间位置及几何形状。

（3）基于实体定义的扩展。基于实体定义的扩展方式意义较为明显，即人为增加 IFC 标准的定义数量，进而使用新定义的实体来描述所需要扩展的信息对象，是对 IFC 标准的模型体系的扩充。由于实体扩展方式拥有较好的数据封装性、高效的运行效率，因此 IFC 标准的每次升级通常都是采用此方式对体系结构进行扩展。具体分为三类：

1）IFC 实体属性的扩展，包括增加属性、修改属性、删除属性。

2）IFC 实体的增加主要依赖于 IFC 标准的继承结构，新扩展的实体需要建立与已有实体的派生和关联关系，避免由于新实体的出现对模型体系造成语义不明确的缺点。此外，新定义的实体通过继承 IFC 中现有的基类实体，可以直接获得基类的属性，从而避免重复定义属性，将精力集中在定义新实体所特有的属性上。

3）基于实体定义的扩展方式较为灵活，不同于前面叙述的两种类型，此方式需要对 IFC 标准描述语言进行修改，因此用户需要对 EXPRESS 语言的语法规则及 IFC 标准的定义结构有一定了解。为降低不熟悉 EXPRESS 导致 IFC 扩展造成的出错率，buildingSMART 提供了 IfcDoc 软件（主要用于创建 IFC 和 mvcXML 说明文档），如图 3.1-2 所示，开发者可以根据自身需要，依靠简单操作完成实体增加、超类指定、属性定义等过程。

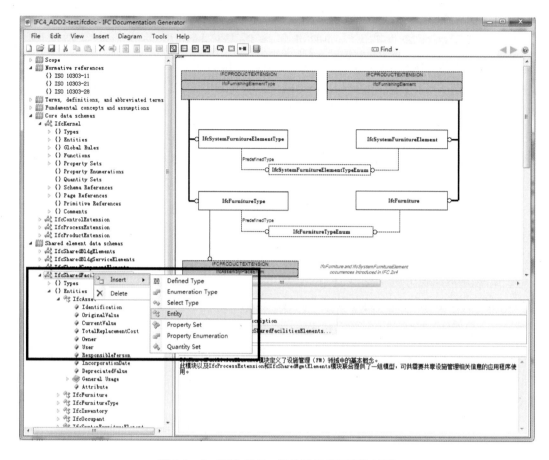

图 3.1 - 2　利用 IfcDoc 软件进行 IFC 实体扩展

2. 机电设备实体扩展

根据上文对三类扩展方式优缺点的对比，选用以实体定义的扩展为主、属性集扩展为辅的扩展方式进行设备维修相关信息的扩展，并遵从以下原则：

（1）最少实体原则。IFC 实体的扩展不是盲目的任意扩展，应在理解并使用原有 IFC 标准体系的基础上，充分利用已存在的 IFC 实体描述所需内容，尽量减少不必要的实体扩展，只在原有标准体系内容均无法满足项目特定需求的条件下，再进行扩展操作，减少同类实体的重复定义。

（2）最优继承原则。根据项目需求，选用最适合的实体作为扩展实体的超类，最大程度地利用各级超类实体的属性，减少同类属性的重复定义。如水轮机扩展，可以选用 IfcEnergyConversionDevice（能量转换机械实体）作为其超类，而不直接继承 IfcElement。

实体扩展的具体分析思路：在 IFC 标准体系中，资源层已包含了众多类型的信息资源，完全能够满足对基础信息的描述；核心层十分完善地描述了 IFC 标准的基本概念；共享层所包含的实体也能准确描述实体之间的关联关系。上述三个层次均不存在扩展要求，因此，针对机电设备的实体扩展主要集中在领域层。

在领域层，具体的实体对象主要通过实体实例及实体类型实例结合描述，发电机实体扩展示例如图 3.1－3 所示，使用 IfcElectricGenerator 实例表示具体的发电机对象，通过其 PredefinedType（预定义类型）属性描述对象类型，并通过相关联的 IfcElectricGeneratorType 实例描述该实体对象所属类型的通用属性。

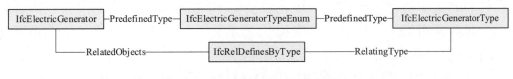

图 3.1－3　发电机实体扩展示例

由于领域层的实体跟现实物理对象的对应关系比较明确，而随着科学技术的发展，现实对象的技术参数会有较大改动，某些属性的变更速度相较于其他层实体而言较频繁，所以领域层实体一般不直接包含各类型属性，而是通过各属性集对实体对象进行属性描述。

因此，根据实体扩展原则，按照对 IFC 标准体系的修改范围等级，实体对象可分为如下三个层次：

1）根据机电设备的形状及各项物理参数特点，首先在已有的实体范围内，寻找能够准确描述该设备的实体，并将设备类型注入该实体的预定义类型中，此时，新设备即可利用该 IFC 实体进行表述；之后创建该类型设备的通用属性集及具体设备的特定属性集，分别与类型描述实体（IfcTypeObject 的派生类）及具体设备实体实例关联。

2）对于能够描述该设备但其直接属性中并不包括预定义属性（PredefinedType）的实体，可以在它的属性中加入 PredefinedType 属性，并创建相应的枚举类型，接着进行轻度扩展，这样该实体就可以表示多种枚举值类型下的设备，这些设备可以用相同的几何属性和物理属性表达。

3）对于某些设备，在领域层中不存在能够描述它的几何属性以及物理属性的实体，需要在最优集成原则的指导下，扩展新的 IFC 实体描述这种设备，并进行中度扩展。

3. CAE 技术拓展与集成模型扩展

国内水利水电工程 CAE 技术的发展比较缓慢，CAE 整体应用技术比较薄弱。随着国内水利行业对 CAE 技术应用重视程度的增加，行业对于 CAE 分析的要求也相应增多，对所能达到的效果的期待值也更高。在满足这些需求的条件下，CAE 技术的拓展可以更加真实地还原结构的工作运行环境，结合大量的分析经验做出最有效的 CAE 分析，为产品的设计和制造提供强有力的支持。

在水利水电工程 CAE 技术中，CAE 的个性化定制也是 CAE 技术的一种拓展。CAE 的个性化定制是将 CAE 技术更好地推广到工程实践的比较好的方式。CAE 技术的门槛确实比较高，对于水利行业而言需要考虑更多的成本因素，通过个性化定制能够有效降低该成本，同时也能大大节省 CAE 技术在实际设计和制造中的应用成本。个性化定制 CAE 技术最有效的手段是二次开发技术，现阶段市面上有很多可以支持二次开发的 CAE 软件，比如之前提到的 ABAQUS、ANSYS 等。

CAE 技术是一门涉及许多领域的多学科综合技术，而水利水电工程 CAE 技术拓展也可以从 CAE 的关键技术入手，找到技术拓展的需求以及可能性。其关键技术有以下几个方面。

（1）计算机图形技术。CAE 系统中表达信息的主要形式是图形，特别是工程图，其在水利水电工程中尤为重要。在 CAE 运行过程中，用户与计算机之间的信息交流是非常重要的，交流的主要手段之一就是通过计算机图形进行展示。所以，计算机图形技术是 CAE 系统的基础和主要组成部分。所以要想使得 CAE 技术得到拓展，计算机图形技术的拓展是关键也是基础。

（2）三维实体造型技术。工程设计项目和机械产品都是三维空间的形体。在设计过程中，设计人员构思形成的也是三维形体。CAE 技术中的三维实体造型就是在计算机内建立三维形体的几何模型，记录下该形体的点、棱边、面的几何形状及尺寸，以及各点、边、面间的连接关系。该技术是 CAE 技术拓展的落地点，也就是具体表现形式，拓展的最终结果是与水利水电工程 BIM 三维模型相结合。

（3）数据交换技术。CAE 系统中的各个子系统、各个功能模块都是系统的有机组成部分，它们都应有统一的几类数据表示格式，从而保证不同子系统间、不同模块间数据交换的顺利进行，充分发挥应用软件的效益，而且应具有较强的系统可扩展性和软件的可再用性，以提高 CAE 系统的生产率。为了在各种不同的 CAE 系统之间进行信息交换及资源共享，需建立 CAE 系统软件均应遵守的数据交换标准，国际上通用的标准有 GKS、IGES、PDES、STEP 等。数据交换技术是 CAE 技术拓展的必要条件，正是因为有了数据交换的标准才使得 CAE 拓展时的数据交换问题得以解决，该技术必不可少。

（4）工程数据管理技术。CAE 系统中生成的几何与拓扑数据，工程机械，工具的性能、数量、状态，原材料的性能、数量、存放地点和价格，工艺数据和施工规范等数据必须通过计算机存储、读取、处理和传送。这些数据的有效组织和管理是建造 CAE 系统的又一关键技术，是 CAE 系统集成的核心。采用数据库管理系统（Database Management System，DBMS）对所产生的数据进行管理是最好的技术手段。该技术可以说是 CAE 技术拓展的核心，可以协调拓展。

集成模型拓展就是结合 BIM 模型与 CAE 技术，在水利水电工程 CAE 技术应用中实现 BIM 模型中 IFC 标准的拓展，利用统一的 IFC 数据格式使得数据转换更加简单、适用、方便。集成模型拓展让不同数据格式在不同的 CAE 应用领域中可以相互调用，从而保证了 IFC 建筑信息模型在 BIM 数据库输入输出过程中的正确性和完整性，并且可以保证建筑信息模型数据不会缺失和损坏。

集成模型的拓展不仅要考虑 BIM 模型的拓展，还要考虑 CAE 技术的拓展，二者作为集成模型的主体部分，要充分发挥各自的优势，将 BIM 与 CAE 很好地结合在一起，共同促进水利水电行业发展。

3.1.3 BIM/CAE 集成模型数据融通标准

3.1.3.1 数据融通技术

1. 数据融通的概念

数据融通的概念虽始于 20 世纪 70 年代初期，但真正的技术进步和发展是在 80 年代，尤其是近几年来引起了世界范围内的普遍关注，美国、英国、日本、德国、意大利等发达国家不但在所部署的一些重大研究项目上取得了突破性进展，而且已陆续开发出一些实用性系统投入到实际应用和运行中。

我国已把数据融通技术列为发展计算机技术的关键技术之一，并部署了一些重点研究项目。但这毕竟是刚刚起步，面临的挑战和困难是十分严峻的，当然也有机遇并存，这就需要针对我国的国情，采取相应的对策措施，以期取得事半功倍的效果。

数据融通技术是指利用计算机对按时序获得的若干观测信息，在一定准则下加以自动分析、综合，以完成所需的决策和评估任务而进行的信息处理技术，包括对各种信息源给出的有用信息的采集、传输、综合、过滤、相关及合成，可辅助人们进行态势/环境的判定、规划、探测、验证、诊断。

2. 数据融通分类

由于水利水电工程数据量庞大、数据结构复杂，数据信息难以有统一的标准，因此在水利水电工程中需要借用数据融通的概念来为数据信息的统一服务。数据融通可以分为数据层融通、特征层融通和决策层融通。

（1）数据层融通。它是直接在采集到的原始数据层上进行的融通，在各种传感器的原始测报未经预处理之前就进行数据的综合与分析。数据层融通一般采用集中式融通体系进行融通处理。这是低层次的融通，如成像传感器中通过对包含某一像素的模糊图像进行处理来确认目标属性的过程就属于数据层融通。

（2）特征层融通。特征层融通属于中间层次的融通，它先对来自传感器的原始信息进行特征提取（特征可以是目标的边缘、方向、速度等），然后对特征信息进行综合分析和处理。特征层融通的优点在于实现了可观的信息压缩，有利于实时处理，并且由于所提取的特征直接与决策分析有关，因而融通结果能最大限度地给出决策分析所需要的特征信息。特征层融通一般采用分布式或集中式的融通体系。特征层融通可分为两大类：一类是目标状态融通；另一类是目标特性融通。

（3）决策层融通。决策层融通通过不同类型的传感器观测同一个目标，每个传感器在本地完成基本的处理，包括预处理、特征抽取、识别和判决，以此建立对所观察目标的初步结论。然后通过关联处理进行决策层融合判决，最终获得联合推断结果。

3. 数据融通方法

（1）现有融通方法对应层次。随着水利水电行业 BIM 的不断发展，对数据的准确性和广泛覆盖性提出了更高的要求，在此基础上，不同的数据融通模型被引进应用于水利水电行业中。比较常用的数据融通方法主要有表决法、模糊逻辑、贝叶斯推理、神经网络、卡尔曼滤波法、D-S 理论等。

结合数据融通层次的划分，对数据融通方法作出归纳总结，见表 3.1-4。

表 3.1-4　　　　　　　数据融通层次及对应方法

融通层次	方　　法		
数据层	最小二乘法、最大似然估计、卡尔曼滤波法、神经网络		
特征层	基于参数分类	统计法	经典推理、贝叶斯推理、D-S 理论
		信息论技术	神经网络、聚类分析法、逻辑模板法
	基于认知模型	表决法、模糊集合论、模糊数学法	
决策层	表决法、贝叶斯推理、D-S 理论、神经网络、模糊逻辑		

（2）现有融通方法的优缺点。各种融通方法因理论、应用原理等的不同呈现出不同的特性。从理论成熟度、运算量、通用性和应用难度四个方面进行优缺点的比较分析，具体内容如下：

1）理论成熟度方面。卡尔曼滤波法、贝叶斯推理、神经网络和模糊逻辑的理论已经基本趋于成熟；D-S理论在合成规则的合理性方面还存有异议；表决法的理论还处于逐步完善阶段。

2）运算量方面。运算量较大的有贝叶斯推理、D-S理论和神经网络，其中贝叶斯推理会因保证系统的相关性和一致性，在系统增加或删除一个规则时需要重新计算所有概率，运算量大；D-S理论的运算量呈指数增长；运算量适中的有卡尔曼滤波法、模糊逻辑和表决法。

3）通用性方面。在上述六种方法中，通用性较差的是表决法，因为表决法为了适应原来产生的框架，会割舍具体领域的知识，使得其通用性较差；其他五种方法的通用性较强。

4）应用难度方面。应用难度较高的有神经网络、模糊逻辑和表决法。因为它们都是模拟人的思维过程，需要较强的理论基础；D-S理论的应用难度适中，因其合成规则的难易而定；卡尔曼滤波法和贝叶斯推理应用难度较低。

3.1.3.2　BIM/CAE数据融通标准

要想实现BIM数据与CAE计算数据的融通，前提是要有统一的数据格式标准，在这里就不得不重新提到BIM中的IFC标准。IFC采用了一种面向对象的、规范化的数据描述语言——EXPRESS语言作为数据描述语言，定义所有用到的数据，作为BIM模型的通用数据格式，对IFC数据模型在不丢失信息的前提下要进行适当的压缩处理，可以避免因过度冗余的BIM模型对硬件造成巨大的负担，更好地实现数据融通。BIM模型作为BIM/CAE数据融通的重要基础数据之一，对其轻量化处理的方案，也可以作为BIM/CAE数据融通的相关标准过程。对于BIM模型轻量化的处理有以下方案。

1. 几何转换

在几何转换过程中，微观层面的优化可以将单个的构件进行轻量化，比如一个圆柱，通过参数化的方法实现圆柱的轻量化等。

宏观层面的优化可以采用相似性算法减少图元数量，进行图元合并，比如保留一个圆柱的数据，其他圆柱引用该圆柱数据加空间坐标即可。通过这种方式可以有效减少图元数量，达到轻量化的目的。

2. 渲染处理

在渲染处理过程中，微观层面的优化是利用多重LOD，加速单图元渲染速度。多重LOD用不同级别的几何体来表示物体，距离越远加载的模型越粗糙，距离越近加载的模型越精细，从而在不影响视觉效果的前提下提高显示效率并降低存储。根据公式：单次渲染体量＝图元数量×图元精度，可以得到两个结果：①视点距离远的情况下，图元数量虽然多，但是图元精度比较低，所以体量可控；②视点距离近的情况下，图元精度虽然高，但是图元数量比较少，体量依然可控。

宏观层面的优化可以采用遮挡剔除、减少渲染图元数量的方法，对图元做八叉树空间索引，然后根据视点计算场景中要剔除掉的图元，只绘制可见的图元；也可以采用批量绘制、提升渲染流畅度的方法。绘制调用非常耗费 CPU，并且通常会造成 GPU 时间闲置，为了优化性能、平衡 CPU 和 GPU 负载，可以将具有相同状态（如相同材质）的物体合并到一次绘制调用中，即批次绘制调用。

轻量化技术方案主要从几何转换、渲染处理两个环节着手进行优化，权衡技术利弊及应用需求，而理想的技术方案为：①轻量化模型数据＝参数化几何描述（必须）＋相似性图元合并；②提升渲染效果＝遮挡剔除＋批量绘制＋LOD（可选）。

另外，多线程调度、动态磁盘交换、首帧渲染优化也可以大大提升渲染速度。利用开发系统间数据接口和数据模型轻量化解决方案，可以达到在不丢失模型信息的前提下将不同 BIM 模型进行整合的目的，并可支持轻量化发布至现有的 BIM 建管平台。

BIM 模型轻量化发布后，其数据量将会大大减少，这样在不考虑数据格式的情况下，单从数据量的角度出发会使 BIM/CAE 数据融通效果更好。

3.2 集成模型信息转换技术

3.2.1 基于 IFC 的信息转换

3.2.1.1 基于 IFC 的多平台信息模型数据互通方法

1. 建立扩展 IFC 导出接口

Autodesk Revit 软件作为 BIM 技术的应用软件，为工程设计领域的建模人员提供支持。当软件功能不足以满足用户需求时，可以通过调用外部命令和编写应用程序 API 来实现软件功能的二次开发。本书阐述的导出接口开发基于 IFC－Exporter for Revit 2019 开源工具，开发工具选择 Microsoft Visual Studio 2017。导出接口的开发主要包括开发环境搭建、IFC－Exporter for Revit 2019 源码修改、Autodesk Revit 的 IFCXML 描述修改、Autodesk Revit 的

EXPRESS 描述修改四步。扩展 IFC 导出过程如图 3.2 - 1 所示，图中黄色标记部分为扩展 IFC 导出接口建立时需要修改的内容。

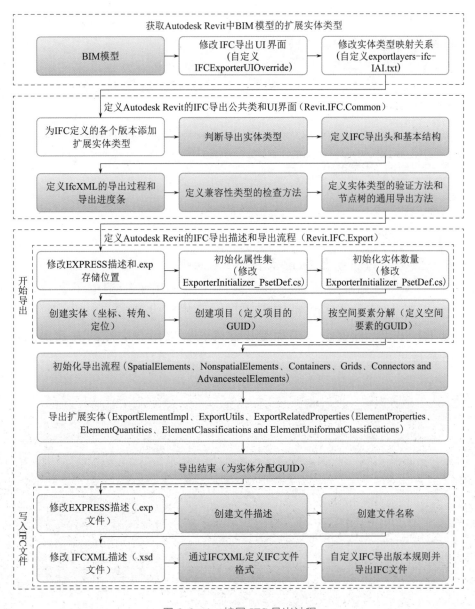

图 3.2 - 1　扩展 IFC 导出过程

（1）搭建开发环境。在进行功能开发前，首先需安装 Autodesk Revit 2019、Microsoft Visual Studio 2017 等必要软件及编译工具，并提供 C♯ 开发与编译环境。Autodesk Revit 二次开发包括外部应用（External Application）和外部命令（External Command）两种方法。本次扩展 IFC 导出接口的开发采用了外部应用法，通过在 IExternalApplication 的外部应用中重载 Onstartup

和 OnShutdown 函数，实现功能的调用。这两个抽象函数的参数都是 UIControlledApplication 类，其特点是只在函数范围内起作用。图 3.2 - 2 为 Autodesk Revit 二次开发定义的外部应用函数 OnStartup 和 OnShutdown。在开发前，还需在开发环境中引入 RevitAPI、RevitAPIUI 等所需关联的 .dll 文件，并将编译环境配置成调试模式。

```
- 引用
public ExternalDBApplicationResult OnShutdown(Autodesk.Revit.ApplicationServices.ControlledApplication application)
{
    return ExternalDBApplicationResult.Succeeded;
}
- 引用
public ExternalDBApplicationResult OnStartup(Autodesk.Revit.ApplicationServices.ControlledApplication application)
{
    application.ApplicationInitialized += OnApplicationInitialized;
    return ExternalDBApplicationResult.Succeeded;
}
```

图 3.2 - 2　Autodesk Revit 外部应用函数

Revit 二次开发工具的识别和加载通过插件管理器 Addins 文件实现。Addins 文件一般是通过可扩展标记语言（Extensible Markup Language，XML）来编写的。XML 是标准通用标记语言之一，主要用来标记电子文件，使其具有结构性。图 3.2 - 3 为扩展 IFC 导出功能对应的 Addin 文件。在启动 Autodesk Revit 后，软件会自动加载该文件，并以用户交互的方式提示用户选择是否加载该工具。

```xml
<?xml version="1.0" encoding="utf-8"?>
<RevitAddIns>
  <AddIn Type="DBApplication">
    <Name>BIM IFC Exporter</Name>
    <Assembly>D:\Program Files (x86)\Revit IFC Hydraulic Extend\Revit.IFC.Export.dll</Assembly>
    <ClientId>D2FE9530-A191-4F58-B3C4-1653384A6286</ClientId>
    <FullClassName>Revit.IFC.Export.Exporter.ExporterApplication</FullClassName>
    <VendorId>IFCX</VendorId>
    <VendorDescription>IFC Exporter for Revit, http://sourceforge.net/projects/ifcexporter/</VendorDescription>
  </AddIn>
  <AddIn Type="DBApplication">
    <Name>BIM IFC Importer</Name>
    <Assembly>D:\Program Files (x86)\Revit IFC Hydraulic Extend\Revit.IFC.Import.dll</Assembly>
    <ClientId>8B9FECE3-8BA0-4DC8-BF15-388239213C92</ClientId>
    <FullClassName>Revit.IFC.Import.ImporterApplication</FullClassName>
    <VendorId>IFCX</VendorId>
    <VendorDescription>IFC Importer for Revit, http://sourceforge.net/projects/ifcexporter/</VendorDescription>
  </AddIn>
</RevitAddIns>
```

图 3.2 - 3　扩展 IFC 导出功能对应的 Addin 文件

（2）修改 Revit IFC - Exporter。Revit IFC - Exporter 源码包含 Install 和 Source 两个文件夹。其中 Install 文件夹定义了安装包名称、安装过程和 IfcXML 描述等。Source 文件定义了 IFC 导出规则，包括 IFCExporterUIOverride、Revit. IFC. Common、Revit. IFC. Export、Revit. IFC. Import、RevitIF-CTools 和 ThirdParty。实现扩展 IFC 的导出，需要对 IFCExporterUIOver-ride、Revit. IFC. Common、Revit. IFC. Export 三个文件夹生成的 . dll 文件进行重编译。

其中，IFCExporterUIOverride 定义了 IFC 导出界面，采用 xaml 进行描述。为了满足后续系统的应用需要，需添加扩展 IFC 导出功能按钮。

Revit. IFC. Common 定义了各个版本的导出实体类型、IFC 文件导出头段与数据段、IfcXML 导出过程、导出进度条、兼容类型检查方法、实体类型验证方法、节点树的通用导出方法等。

Revit. IFC. Export 定义了导出类别、属性集与关联关系。对 . exp 文件的路径进行重新定义，将其放在 D 盘根目录下，以便于开发人员调试修改，该代码位于 Exporter 文件夹中 Exporter. cs 文件下的 CreateIFCFileModelOptions()方法中，如图 3.2 - 4 所示。

```
protected virtual IFCFileModelOptions CreateIFCFileModelOptions(ExporterIFC exporterIFC)
{
    IFCFileModelOptions modelOptions = new IFCFileModelOptions();
    if (ExporterCacheManager.ExportOptionsCache.ExportAs2x2)
    {
        modelOptions.SchemaFile = Path.Combine("D:\\IFC2X2_ADD1.exp");
        modelOptions.SchemaName = "IFC2x2_FINAL";
    }
    else if (ExporterCacheManager.ExportOptionsCache.ExportAs4)
    {
        modelOptions.SchemaFile = Path.Combine("D:\\IFC4_ADD2.exp");

        if (!File.Exists(modelOptions.SchemaFile))
        {
            modelOptions.SchemaFile = Path.Combine("D:\\IFC4_ADD1.exp");

            // If the IFC4_ADD1 file does not exists it takes the IFC4 file as its default.
            if (!File.Exists(modelOptions.SchemaFile))
            {
                modelOptions.SchemaFile = Path.Combine("D:\\IFC4.exp");
                ExporterCacheManager.ExportOptionsCache.ExportAs4_ADD1 = false;
            }
        }
```

图 3.2 - 4 . exp 文件调用路径代码

之后需要对 IFC 的 PSet 属性集进行扩展，该定义位于 ExporterInitializer_PsetDef. cs 文件中的 InitCommonPropertySets()方法中。以 IfcDamBody 为例，其定义如图 3.2 - 5 所示。

此外，ExporterInitializer. cs、IFCInstanceExporter. cs、FamilyInstance-Exporter. cs、ExporterUtil. cs、FamilyExporterUtil. cs 和 ElementFilteringU-til 也需要结合 ExporterInitializer_PsetDef. cs 中定义的内容进行修改。同时，为保证 BIM 信息的规范化入库，需在 Exporter. cs 中的 ExportIFC()方法中补充将模型文件导出后信息存入数据库的操作。其中数据库中的 id 和 version 都

```
namespace Revit.IFC.Export.Exporter
{
  partial class ExporterInitializer
  {
    public static void InitCommonPropertySets(IList<IList<PropertySetDescription>> propertySets)
    {
      IList<PropertySetDescription> commonPropertySets = new List<PropertySetDescription>();
      InitPset_DamBodyCommon(commonPropertySets);
      propertySets.Add(commonPropertySets);
    }
    private static void InitPset_DamBodyCommon(IList<PropertySetDescription> commonPropertySets){
      PropertySetDescription propertySetDamBodyCommon = new PropertySetDescription();
      propertySetDamBodyCommon.Name = "Pset_DamBodyCommon";
      PropertySetEntry ifcPSE = null;
      if (ExporterCacheManager.ExportOptionsCache.ExportAs4_ADD2 && certifiedPsetList.AllowPsetToBeCreated(
        ExporterCacheManager.ExportOptionsCache.FileVersion.ToString().ToUpper(), "Pset_DamBodyCommon"))
      {
        propertySetDamBodyCommon.EntityTypes.Add(IFCEntityType.IfcDamBody);
        ifcPSE = new PropertySetEntry("Location");
        ifcPSE.PropertyName = "Location";
        ifcPSE.PropertyType = PropertyType.Label;
        ifcPSE.PropertyValueType = PropertyValueType.EnumeratedValue;
        ifcPSE.PropertyEnumerationType = typeof(Revit.IFC.Export.Exporter.PropertySet.IFC2X4.PEnum_DamBodyLocation);
        calcType = System.Reflection.Assembly.GetExecutingAssembly().GetType("
          Revit.IFC.Export.Exporter.PropertySet.Calculators.LocationCalculator");
        if (calcType != null)
          ifcPSE.PropertyCalculator = (PropertyCalculator)calcType.GetConstructor(Type.EmptyTypes).Invoke(new object
            [] { });
        propertySetDamBodyCommon.AddEntry(ifcPSE);
      }
      if (ifcPSE != null)
      {
        commonPropertySets.Add(propertySetDamBodyCommon);
      }
    }
  }
}
```

图 3.2-5 IfcDamBody 的 PSet 属性集扩展代码

采用自增 1 的方式生成值。

（3）修改 IfcXML 描述。XML 是 W3C 组织定义互联网数据交换的标准。IfcXML 是处理 IFC 数据的一种通用方法。IfcXML 是从 EXPRESS 模式派生出来的，是对 XML 数据定义（.xsd）的映射，常用 .xml 或 .ifx 作为后缀。Autodesk Revit 2019 使用 IfcXML 定义了 IFC 的导出规则，其后缀名为 .xsd。由于 IfcXML 的实体描述规则是一致的，因此以 IfcDamBody 为例进行说明。其 IfcXML 的文件结构定义如图 3.2-6 所示，包含名称、类型、父元素、属性集描述等。

```xml
<xs:element name="IfcDamBody" type="ifc:IfcDamBody" substitutionGroup="ifc:IfcDamElement" nillable="true"/>
<xs:complexType name="IfcDamBody">
    <xs:complexContent>
        <xs:extension base="ifc:IfcDamElement"/>
            <xs:attribute name="PredefinedType" type="ifc:IfcDamBodyTypeEnum" use="optional"/>
        </xs:extension>
    </xs:complexContent>
</xs:complexType>
```

图 3.2-6 IfcDamBody 的 IfcXML 文件结构定义

需要注意的是，IfcXML 规范建立在 EXPRESS 描述的基础上，同时有着更丰富的拓展。在从 EXPRESS 映射到 XML 时，会出现部分集成规则、反向关系和导出属性约束条件的丢失。同时，一些不符合 IfcXML 规范的数据也将在数据映射时被忽略。

（4）修改 EXPRESS 描述。IFC 扩展规则采用 EXPRESS 语言描述，对应的文件后缀名为.exp。在 Autodesk Revit 软件中，.exp 文件位于安装文件下的 EDM 文件夹中。在进行重定义时，可直接修改该文件，也可以按照之前描述的方式自定义路径。EXPRESS 语言是一种面向对象的信息模型描述语言，可以与各种编程环境（如 C、C++、FORTRAN 等）衔接。同时，其自身具备一种非依赖于系统的中性机制，因此可以在不受软件本身局限的基础上灵活修改。模式（Schema）是 EXPRESS 语言的基本单元，因此扩展表达定义在 Schema IFC 内部。水电工程的 EXPRESS 描述如图 3.2-7 所示，分别定义了水电工程的领域层描述、共享层描述和属性集描述。

```
ENTITY IfcHydraulicElement
ABSTRACT SUPERTYPE OF (ONEOF
    (IfcDamElement
    , IfcSpillwayElement
    , IfcInletElement
    , IfcDiversionElement
    , IfcHydraulicShareElement
    , IfcGeologicElement))
SUBTYPE OF (IfcElement);
Functional : IfcLabel;
Material : IfcLabel;
ProjectId : IfcProjectUniqueId;
END_ENTITY;

TYPE IfcProjectUniqueId = STRING;
END_TYPE;
```

（a）领域层描述

```
ENTITY IfcDamElement
ABSTRACT SUPERTYPE OF (ONEOF
    (IfcDamBody
    , IfcDamOrifices
    , IfcDamPier
    , IfcDamGirder
    , IfcDamSlab
    , IfcStructureLayer
    , IfcAseismicStructure))
SUBTYPE OF (IfcHydraulicElement);
END_ENTITY;
```

（b）共享层描述

```
TYPE IfcDamBodyTypeEnum = ENUMERATION OF
    (ARCHDAMBODY
    , NORMALGRAVITYDAMBODY
    , RCCGRAVITYDAMBODY
    , BUTTRESSDAMBODY
    , EARTHROCKDAMBODY
    , USERDEFINED
    , NOTDEFINED);
END_TYPE;
```

（c）属性集描述

图 3.2-7 水电工程的 EXPRESS 描述

2. 扩展 IFC 导出流程

为降低 BIM 技术人员使用 IFC 扩展功能的操作难度，将上述导出接口进行了打包，并利用 Wix 制作成安装程序，将.addin 文件、.dll 文件、.xsd 文件和.exp 文件进行统一封装。基于 Wix 安装插件，BIM 技术人员的扩展 IFC 导出操作共分为插件安装、属性添加、族映射定义和模型导出四步。

（1）安装扩展 IFC 导出插件。运行安装插件，.addin 文件、.dll 文件、.xsd 文件和.exp 文件将根据用户自定义环境被安装到指定位置。打开 Autodesk Revit，将自动判断.addin 文件的添加内容，选择加载 IFCExportUIOverride.dll 和 Revit.IFC.Export.dll 即可。图 3.2-8 为插件安装和加载提示。

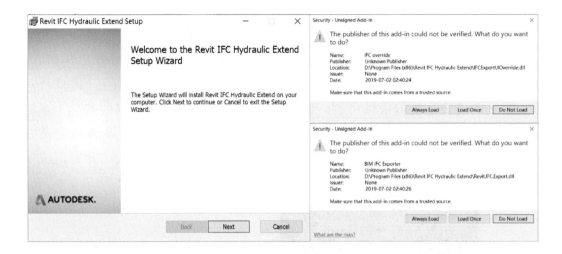

图 3.2-8　插件安装和加载提示

（2）添加属性信息。基于 Autodesk Revit 外部应用 API，建立了针对水电工程实体结构的扩展属性添加外部应用。图 3.2-9 为利用该外部应用添加元素项目 ProjectId 值的过程。

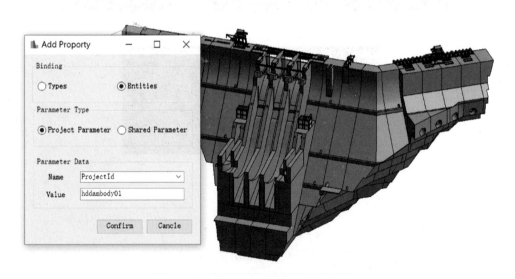

图 3.2-9　利用外部应用添加属性信息

（3）定义族映射关系。Autodesk Revit 软件的族类型无法修改，因此为水电工程元素添加扩展实体描述无法通过自定义族类型实现。在 IFC 导出时，导出类定义了族类型与实体表达的映射关系，以 exportlayers-ifc-IAI. txt 的形式存储与调用。表 3.2-1 罗列了 Autodesk Revit 软件族类型与 IfcDamElement 子元素的映射关系，导出接口会根据二者的映射关系实现水电工程扩展实体类型的导出。

表 3.2 - 1 　　　　　Autodesk Revit 软件族类型与 IfcDamElement
子元素的映射关系

Autodesk Revit 软件族类型	水电工程元素	水电工程元素 IFC 表达
Structural Foundations	Dam body	IfcDamBody
Opening	Dam orifice	IfcDamOrifices
Columns	Dam pier	IfcDamPier
Structural Beam Systems	Dam girder	IfcDamGirder
Structural Stiffeners	Dam slab	IfcDamSlab
Structural Framing	Dam structure layer	IfcStructureLayer
Structure Trusses	Dam top aseismic structure	IfcAseismicStructure

（4）导出扩展 IFC 文件。加载自定义的族映射关系 exportlayers - ifc - IAI - extension. txt，勾选"导出 Revit 属性集"选项，定义导出路径和导出版本，点击"导出"，即可导出扩展 IFC 文件，并将相关信息存储至数据库中，如图 3.2 - 10 所示。

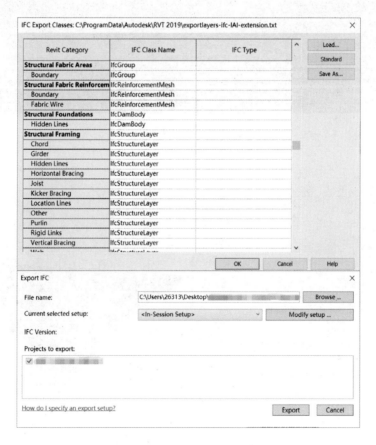

图 3.2 - 10 　加载自定义映射关系并导出扩展 IFC

3．导出结果评价

导出的 IFC 文件满足 ISO－10303－21 标准，因此以"ISO－10303－21；"开头，以"END－ISO－10303－21；"结尾。IFC 文件中间包括文件头段和数据段两部分。文件头段以"HEADER；"开头，以"ENDSEC；"结尾，内容涵盖文件描述、IFC 版本等信息；数据段以"DATA；"开头，以"ENDSEC；"结尾，内容涵盖 BIM 模型的所有属性信息。首先使用文档编辑器打开导出的 IFC 文件，可检索到 IFCDAMELEMENT 及其扩展属性，如图 3.2－11 所示，证明扩展实体与属性已被识别与导出。之后使用基于 IFCEngine．dll 的工具来检测 IFC，Viewer 解析结果如图 3.2－12 所示，证明 IFC 文件可被解析工具正常解析，数据结构未被破坏，且扩展实体与属性可被正常解析。需要注意的是，IFCEngine．dll 解析工具本身无法解析扩展实体，因此在解析前需将 IFC Viewer 下的．exp 文件替换为另外修改的 EXPRESS 描述。

```
#742= IFCDAMELEMENT('27yoTpqFP08ARK2c3IfGna',#41,'\X2\65CF\X0\-\X2\575D6BB5\X0\1:\X2\65CF\X0\-\X2\
575D6BB5\X0\1:213275',$,'\X2\65CF\X0\-\X2\575D6BB5\X0\1',#740,#733,'213275');
#751= IFCPROPERTYSINGLEVALUE('\X2\4E0E90BB8FD156FE51434E00540C79FB52A8\X0\',$,IFCBOOLEAN(.F.),$);
#752= IFCPROPERTYSINGLEVALUE('\X2\4E3B4F53\X0\',$,IFCTEXT('\X2\68079AD8\X0\ : \X2\68079AD8\X0\
1'),$);
#753= IFCPROPERTYSINGLEVALUE('\X2\504F79FB\X0\',$,IFCLENGTHMEASURE(3999.99999999965),$);
#754= IFCPROPERTYSINGLEVALUE('\X2\68079AD8\X0\',$,IFCLABEL('\X2\68079AD8\X0\ : \X2\68079AD8\X0\
1'),$);
#755= IFCPROPERTYSINGLEVALUE('\X2\521B5EFA768496366BB5\X0\',$,IFCLABEL('\X2\96366BB5\X0\ 1'),$);
#756= IFCPROPERTYSINGLEVALUE('\X2\4F5379EF\X0\',$,IFCVOLUMEMEASURE(7549.82030176616),$);
#757= IFCPROPERTYSINGLEVALUE('\X2\976279EF\X0\',$,IFCAREAMEASURE(1219.26928095246),$);
#758= IFCPROPERTYSINGLEVALUE('Functional',$,IFCTEXT('water retaining'),$);
#759= IFCPROPERTYSINGLEVALUE('Material',$,IFCTEXT('C25 concrete'),$);
#760= IFCPROPERTYSINGLEVALUE('ProjectId',$,IFCTEXT('hddambody01'),$);
```

图 3.2－11 扩展 IFC 文件部分实体信息与属性信息描述

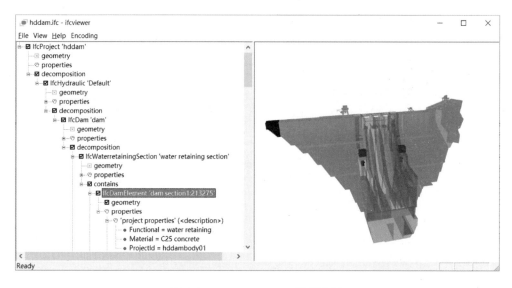

图 3.2－12 IFC Viewer 解析结果

3.2.1.2 扩展 IFC 模型信息提取技术

1. 数据提取工具选择

水电工程设计总周期长，涉及专业多，专业间数据互通性强。扩展 IFC 作为水电工程设计 BIM 的通用数据交换格式，如何保证各专业从已有的 IFC 文件中提取出所需的关键数据，剔除无关数据，是定义 IFC 语义扩展和属性集扩展的主要目标。本节首先分析了现有 IFC 解析工具及其特点（表 3.2 - 2）；之后基于 IfcOpenShell 开源、开发相对容易、可操作性强的特点，选择其作为 IFC 解析工具。

表 3.2 - 2 IFC 解析工具及其特点

解析工具	IFC SDK	IFC Engine	IFCOpenShell	xBIM toolkit
开发语言	C++	C++、C#	C++、Python	.NET
是否开源	IFC2x3 开源	否	是	是
是否支持开发	支持 IFC2x3	否	是	是
支持的开发语言	C++		C++、Python	.NET
解析工具	无	IfcViewer	BIMSurfer	自带
开发难度	易		一般	一般
可操作性	一般	弱	强	强
支持的操作系统	Windows、Linux	Windows、Linux、OSX	Windows、Linux	Windows、Linux
接口形式	SDK	SDK	API	API
如何支持扩展 IFC 解析	修改源码后支持	修改 .exp 文件后支持	修改源码后支持	修改源码后支持

2. IfcOpenShell 编译与修改

IfcOpenShell 是一个开源的（LGPL）软件库，帮助用户和软件开发人员使用 IFC 文件格式进行工作。但由于该软件库不支持扩展 IFC 的解析，因此需要按照水电工程的 IFC 扩展规则对 IfcOpenShell 进行编译与修改。本书首先对 IfcOpenShell 0.6.0 源代码进行编译，通过集成 Boost 1.67、Open Cascade 7.3.0 等依赖项，借助 VS2015 X64，CMake 15.7、Git - 2.25.1 和 Python 3.4 编译生成了源码，如图 3.2 - 13 所示。

IfcOpenShell 的源码包括 IfcConvert、IfcGeom、IfcGeomServer、IfcParse 和 Serializers 共 5 部分。IfcConvert 定义了一个完整的命令行应用程序，它能够将 IFC 文件中的几何体转换为若干种截断的、拓扑的输出格式。IfcGeom 为所有支持的 IFC 几何实体注册函数原型。对于 CLASS 类型的实体，还创建 std::map 来缓存转换函数的输出。IfcGeomServe 通过基于命令的 stdin 接口公开 IfcOpenShell API，区分 IFC 版本。IfcParse 是实现扩展类导出的关键，它定义了 IFC 文件的解析过程。Serializers 用于序列化 obj、dae 等可转换的文件结构以及各个 IFC 版本的 XML 文件。

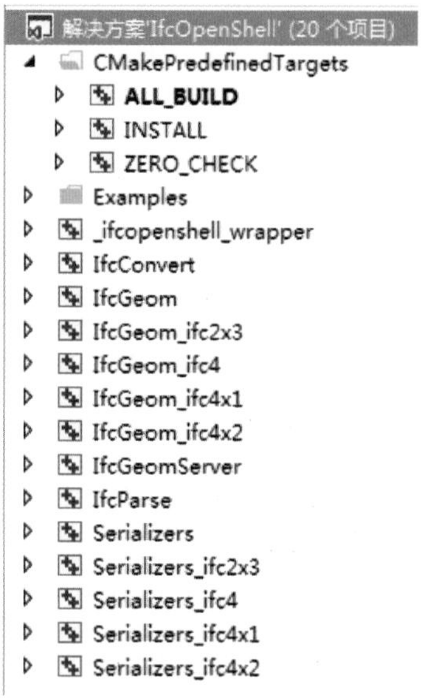

　　IfcParse 文件夹下的实体类定义与解析代码由 ifcexpressparser 的 python 脚本生成。为了实现扩展 IFC 的解析，以定义的 EXPRESS 文件为基础，通过执行脚本程序可自动生成两个头文件和一个根据 .exp 文件中的模式名称命名的解析源码，将其替换 IfcParse 中已有的 cpp 文件即可。

　　3. 数据提取流程

　　数据提取从内容上可分为几何信息和工程信息两类；从提取结果上可分为文本信息和数据信息两类。几何信息涵盖几何结构信息、几何空间信息和几何坐标信息；工程信息为设计阶段与设计要素关

图 3.2－13　IfcOpenShell 编译
生成的源码

联的材质、功能、自定义标识符、边界参数信息、项目技术、质量、合同及资源投入情况的规划等信息；文本信息为 IFC 文件信息；数据信息为提取入库的信息。本书将几何信息与工程信息中的材质、功能和自定义标识符以文本信息的方式进行存储记录，将其他工程信息以数据信息的方式进行存储记录，整个提取流程如图 3.2－14 所示。

　　4. 模型信息提取应用

　　地质专业是水工专业的上序专业，在进行水工开挖设计前，地质专业需提供尽可能准确的坝区地质信息。水电行业较为通用的地质建模软件主要基于 Autodesk、Bentley 和 Catia 三大厂商，拥有将地质模型转换成 IFC 的导出接口。以基于 Autodesk 软件进行三维地质建模为例，利用上述方法进行扩展 IFC 的导出。IFC 地质体导出后，地质模型经水工专业提取后，钻孔、平洞等地质建模的基础数据被剔除，保留供设计使用的几何信息和属性信息，几何信息被存入文本信息中，属性信息被存入数据信息中。提取后的三维地质模型如图 3.2－15 所示，提取的数据信息如图 3.2－16 所示。

3.2.2　基于数据接口的数据转换

3.2.2.1　模型数据转换方法

　　（1）CAE 软件自带的图形/数据接口。大多数 CAE 软件都提供了与 BIM

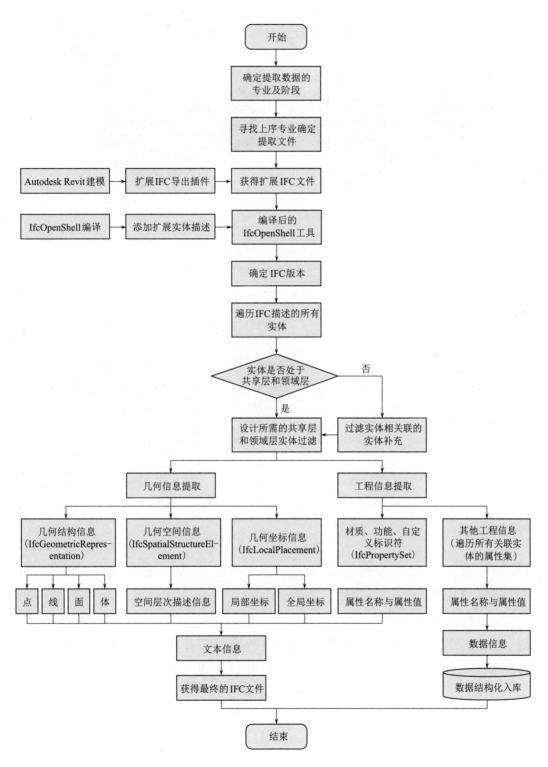

图 3.2 - 14 IFC 数据提取流程

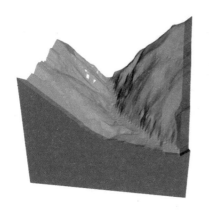
（a）未添加属性信息的模型

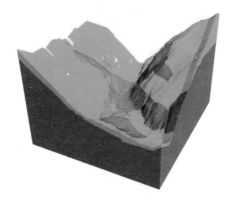
（b）添加属性信息的模型

图 3.2 - 15 提取后的三维地质模型

GGQAAG	PKE	MDLBAN	MDLVAD	SLGZFL	MDDCGH	GCBGDL	MDLZZ	JLWZ
GSSDZ	招标设计	F1	N20°~30°W,SW∠65°~80°	断层F	岩块岩屑	10~12	断裂两盘不连续，可见宽10m~12m的破碎带	坝址F1
GSSDZ	招标设计	F10	N40°~45°E，NW∠65°~8	断层F	岩块岩屑	0.9~1.5	由连续的糜棱岩带、碎裂岩，少量断层泥组成。	坝址F10
GSSDZ	招标设计	F11	N5°W，SW∠55°	断层F	岩块岩屑	0.4~0.6	碎裂岩、透镜体，少量糜棱岩。	坝址F11
GSSDZ	招标设计	(Null)	N42°E,NW∠72°	断层F	岩块岩屑	0.5~1	宽0.5m~1m，糜棱岩、角砾岩、透镜体、碎裂	(Null)
GSSDZ	招标设计	F3	N20~30°E，NW∠80~90°	挤压面gm	岩块岩屑	0.4~0.6	断层泥、碎裂岩、构造透镜体、团块状起伏。	坝址F3
GSSDZ	招标设计	F8	N30°W，SW∠70°	断层F	岩块岩屑	1.5	断层带宽约1.5m（见宽20m~30cm的糜棱岩带	坝址F8
GSSDZ	招标设计	F#D17	N20°E，NW∠70°	(Null)	(Null)	(Null)	(Null)	坝址F#D17
GSSDZ	招标设计	F12	N15°~45°E，NW∠55°~8	断层F	岩块岩屑	0.2~0.5	宽0.2m~0.5m，最宽约1.3m，由连续糜棱岩、	坝址F12
GSSDZ	招标设计	F#D20	N75°W，NE∠75°	(Null)	(Null)	(Null)	(Null)	坝址F#D20
GSSDZ	招标设计	F5	N15°W，SW（NE）∠85°	断层F	岩块岩屑	0.5~2	褐红、黄褐色，糜棱岩、角砾岩、片状岩	坝址F5
GSSDZ	招标设计	F6	N85°E，NW∠46~75°	断层F	岩块岩屑	0.7	褐红色熔渣、糜棱岩、角砾岩	坝址F6
GSSDZ	招标设计	F#D21	N60~90°W，NE∠80~90°	(Null)	岩块岩屑	(Null)	宽0.2m~1m，片状岩、糜棱岩及构造透镜体	坝址F#D21
GSSDZ	招标设计	F#D22	N55°W，NE∠60~70°	(Null)	岩块岩屑	(Null)	(Null)	坝址F#D22
GSSDZ	招标设计	F9	N70°W，SW∠80°	断层F	岩块岩屑	1	连续糜棱岩、断层泥、透镜体、片状岩、碎裂岩	坝址F9
GSSDZ	招标设计	F4	N50~60°E，SE∠80~85°	挤压面gm	岩块岩屑	0.3~0.7	褐红、黄褐色，糜棱岩、角砾岩、片状岩、	坝址F4
GSSDZ	招标设计	F13	N50~70°W，NE∠75~90°	断层F	岩块岩屑	2	褐黄色、灰黄色片状岩、角砾岩、带内岩体蚀变	坝址F13
GSSDZ	招标设计	F14	N40°E，SE∠60°	断层F	岩屑夹泥	0.5~1.2	宽0.5m~1.20m，破碎带0.3m~0.5m，由碎裂	坝址F14
GSSDZ	招标设计	F101	N35°W，SW∠85°	断层F	(Null)	1~1.5	糜棱岩、碎裂岩、角砾岩及构造透镜体、断层两	坝址F101
GSSDZ	招标设计	F102	N70°W，SW∠55°	断层F	岩块岩屑	1~1.5	糜棱岩、碎裂岩、角砾岩及构造透镜体。	坝址F102
GSSDZ	招标设计	F104	N25°W，NE∠55°	断层F	岩块岩屑	0.5	糜棱岩、碎裂岩、角砾岩及构造透镜体。	坝址F104
GSSDZ	招标设计	F106	N70°E，SE∠85°	断层F	岩块岩屑	0.5	糜棱岩、碎裂岩、角砾岩及构造透镜体。	坝址F106

图 3.2 - 16 三维地质模型提取的数据信息

软件进行数据共享和交换的数据接口。使用这些接口转换模型，只需要在 BIM 软件中将建好的模型使用"另存为"或"导出"命令，保存为 CAE 分析软件能识别的标准图形文件，如 ANSYS 里的 IGES 或 SAT 文件格式；然后将该图形文件导入有限元分析软件后再进行模型拓扑结构修改即可。如在 Civil 3D 软件与 ANSYS 软件之间进行数据转换时，可以先把 Civil 3D 中的模型输出为 SAT 文件，然后在 ANSYS 中导入 SAT 文件，再输入命令/facet 即可生成 ANSYS 中的分析模型。

该方法的缺点是只能处理较简单的模型，复杂模型转换时会发生线面丢失、图元无法转换等问题，甚至发生模型不能识别的问题。

（2）在 CAE 与 BIM 软件之间开发接口程序。若 CAE 与三维建模软件之间没有接口，可以进行二次开发，建立两者之间的接口程序。例如：在 UGNX 和 ANSYS 之间开发接口程序，利用 UGNX 的二次开发工具 GRIP 语言调用 UG 内部数据库，分析和提取三维模型的相关参数，并转化成 ANSYS 能接受的数据格式。用 ANSYS 提供的 APDL 函数接收、分析来自 UG 的数据文件，并自动完成三维模型各单元的有限元离散过程。

（3）在 BIM 与 CAE 之间建立统一的标准化的数据转换文件格式。由于 BIM 与 CAE 软件分别由不同软件公司研发，它们之间的图形/数据接口没有统一的标准，可以建立统一的数据转换标准，以便于数据转换。例如：现在大部分 BIM 与 CAE 软件都可以导入或导出 IGES 文件格式（可以用 ASCII 和二进制两种格式来表示），可以将其定为标准数据转换格式。对于没有该文件格式的软件，可以在其内核上添加支持该文件格式的代码，使其支持该文件格式。

（4）在 BIM 与 CAE 软件之间建立专用接口配置，实现二者真正意义上的无缝连接。以 Hypermesh 软件作为中间处理软件为例，虽然具备主流有限元计算软件接口（如 NASTRAN、ABAQUS、ANSYS、PATRAN 等），但与不同平台下的 BIM 软件的专用接口仍有缺失。可以借助 Hyperworks 应用程序支持的 Tcl/Tk 脚本语言嵌入，调用程序的内置函数与接口，以实现条件、逻辑控制，根据不同用户需求，针对 BIM 软件进行专门的二次开发。

3.2.2.2 模型数据传递与转换流程

1. 数据传递方法

BIM/CAE 集成分析流程中对模型之间的数据传递有直接法和间接法两种方法。直接法就是两个软件系统直接从对方数据库中提取信息，然后转变为本系统的图形的原始格式信息。间接法可以分为中性文件法和中间文件法两种，中性文件法是通过标准的中性文件来进行双向的模型信息的交换，中性文件格式有 IGES、STEP、VDA 等；中间文件与中性文件类似，只不过它不是标准文件格式，而是由两个软件开发商之间具体协商约定的某种格式，如 AUTO-CAD 的 DXF 文件。

直接法的优点是转换直接，操作方便，在交换过程中不容易丢失信息；缺点是接口程序开发工作量大，两个软件必须保持版本同步，N 个软件间进行双向图形交换就要有 $N(N-1)$ 个接口程序。

中性文件法的优点是不依赖硬件平台，适合异构网络状态下运行于不同平台的软件或者远程网络间的图形交换，开发比较简单，N 个软件只需要 $2N$ 个接口程序；缺点是容易产生信息丢失。中间文件法相对于直接法来说对版本的变化不太敏感，也便于在不同的硬件平台间进行模型交换，其缺点也与直接法相类似，不适合多种软件间的图形交换。

2. 数据转换方法

选用 Autodesk 平台的 Revit 软件和 ABAQUS 软件分别作为 BIM 建模软件和 CAE 分析软件，以 Hypermesh 作为集成分析的桥平台为例，说明模型数据的装换过程。

由于 Revit 没有与 Hypermesh 和 ABAQUS 软件之间的数据传输接口，因此需要对 Revit 内 BIM 模型的数据进行转换，建立与 Hypermesh 软件的数据接口，才可进行后续的自动化剖分、分析计算等操作。

（1）几何数据信息转换。在 Revit 内的 BIM 模型格式为软件内独有的 rvt 格式文件，其兼容性较差，Hypermesh 软件无法直接导入此类型文件，因此需要调用 Revit 内置的 Export 模型数据格式转换工具，将几何数据信息转换为 Hypermesh 软件支持导入的 SAT 格式文件，并将几何数据信息通过转换为 ODBC Database 备份在 SQL Server 数据库进行存储，方便后续对几何数据进行批量读取和修改。

（2）非几何数据信息处理。对于非几何数据信息，主要是材料属性等相关参数，利用 Revit 官方推荐的 C♯ 语言编写二次开发脚本，通过 Element. get _ Parameter（string name）函数获取各个元素的所有参数，遍历参数名称找到需要进行提取的参数值，并获取不同构件的 Guid 作为数据检索的唯一标识，将每个构件的各项所需非几何信息提取出来对接到 SQL Server 数据库对应的属性信息数据表内进行存储，为后续提取和修改属性信息提供数据基础。

3. 模型转换流程

Hypermesh 为用户提供了多种开发工具，使用户能够定制化地对软件进行二次开发，以更好地适应某些功能需求。其主要的二次开发工具有基础宏命令、用户化定制工具配置、界面输出模块、数据输入输出模块等。这为模型的自动化剖分提供了较好的开发条件，用户可通过定义各个功能按钮的逻辑执行顺序针对模型对象进行有限元剖分的自动化流程设定，如图 3.2-17 所示，是从模型导入 Hypermesh 软件到形成最终导入 ABAQUS 的有限元模型 . inp 文件的整体流程。

Hypermesh 支持的二次开发语言是 Tcl，最早由 John Ousterhout 在 20 世纪 80 年代初发明，是一种可嵌入的解释执行命令脚本化语言，简单易懂。底层是由 C/C++语言编写的一系列应用程序组件，可通过 Tcl 进行组件应用程序的调用，且具有较好的扩展性，即使对 Tcl 脚本进行修改也无须进行重新编译，可直接用 Tcl 解释器执行。

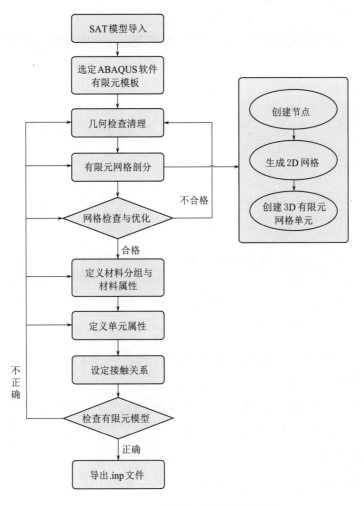

图 3.2-17 三维模型有限元剖分流程

Hypermesh 内共有三类 Tcl 命令，分别是 Tcl Gui Command 界面命令、Tcl Modify Command 修改命令、Tcl Query Command 查询命令，这三大类命令下分别扩展了多层级的功能命令，若直接通过 Ext API 将 Hypermesh 内置的功能函数当作静态库进行调用，难度较大，而且需要较好的数据结构与 C 语言基础功底。好在 Hypermesh 对于软件内执行的每一步命令操作都有 Tcl 命令流的记录，用户可通过 Edit 命令选择 Command File 对当前做过的每一步操作进行查看和编辑，如图 3.2-18 所示，也可通过 Data Names 操作和修改对应的单元及节点，同时 Hypermesh 还支持运行编辑好的 Tcl 脚本以执行软件的各个功能。

基于 Hypermesh 以上特性，可参照有限元模型剖分流程，先通过对重力坝的典型坝段进行手动剖分操作，得到坝段剖分的 Tcl 命令流，然后根据此 Tcl 脚本修改命令参数以适应不同坝段模型的剖分需要，调整命令流脚本模

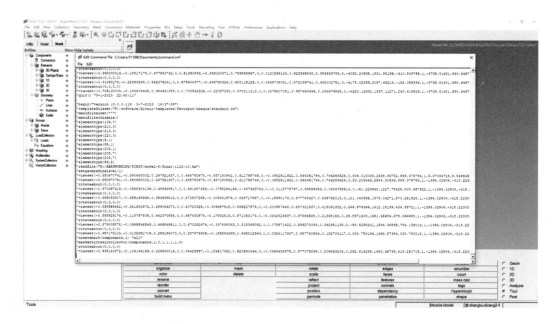

图 3.2 - 18　Tcl Command File 界面

板，最后得到全部命令流并编写整体的 Tcl 脚本对初步设计的重力坝三维模型进行剖分。通过 CMD 窗口，命令行输入 hmopengl. exe - tcl filename，即可启动 Hypermesh 软件读取指定路径的 SAT 模型文件，并进行自动化剖分。在一定程度上减少了重复性的模型剖分操作，实现了三维模型的自动化剖分，能够较为快速地得到整体的三维有限元模型，最后通过 Tcl 脚本执行导出 . inp 文件，以便于后续导入 ABAQUS 内进行有限元分析计算。

4. 模型数据传递过程

利用 . inp 文件为媒介，将 Hypermesh 软件导出的包含有限元剖分几何信息以及材料分组的 . inp 文件信息，与 Web 端输入的材料属性、边界条件、外部荷载、求解类型、分析步等信息相结合，通过 . inp 文件与 ABAQUS 分析软件进行信息的交互传递（图 3.2 - 19）。

图 3.2 - 19　ABAQUS 软件 CAE 分析步骤

将材料属性、荷载、边界条件等求解所需的参数信息通过后台代码存储到 SQL Server 服务器数据表中。编写 Python 脚本通过 open 函数打开指定路径下的 . inp 文件，并利用 readlines 函数读取 . inp 文件的内容。同时引入

pymssql 模块，读取 Web 端输入参数存储的数据表，通过 .inp 文件内的 Material 与 Section 关键字，将材料属性参数对应的构件 ID 编号与 .inp 文件内的分组编号关联，构造符合 .inp 文件内代码格式的材料赋值代码，其中 Part 与 Instance 关键字代码设定装配体及接触，Boundary 与 Dload bodyforceSet 关键字代码设定边界条件与外部荷载，Step 关键字代码设定分析步。利用 lines.insert 函数将补充和修改写入 .inp 文件，最后用 open 函数输出完整的可供 ABAQUS 求解计算的前处理 .inp 文件。图 3.2 - 20 为补充改写后的部分 .inp 文件代码。

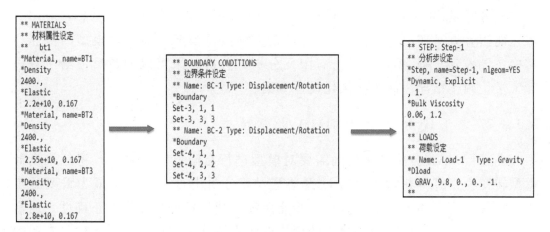

图 3.2 - 20　.inp 文件代码示例

3.3　集成模型自动剖分技术

3.3.1　BIM/CAE 集成桥技术

3.3.1.1　集成桥技术简介

BIM/CAE 集成桥技术就是利用与多种 BIM 软件兼容较好的中间软件作为中间传导媒介，保证数据转换时信息不丢失，并开发中间软件与其他 CAE 分析软件的接口，将三维设计模型转化为分析模型，实现 BIM 与 CAE 之间的无缝连接。

目前流行的 BIM 软件和 CAE 软件中，几何建模部分的内核引擎一般以 ACIS 或 Parasolid 为主，也有独自开发的图形引擎。其中 ACIS 与 Parasolid 都基于边界表示法（B - Rep）设计，遵循了几何和拓扑信息相分离的思想，但是在拓扑标识和几何元素定义方面并不完全一致，这种差别会导致不同内核开发的软件之间进行数据转换时，需要一定的拓扑映射和元素逼近；另外，模型精度不同的软件之间进行数据转换时，也会出现拓扑关系重构和几何元素重构，导致数据转换失败或者无法进行数据转换。

三维设计模型和数值分析模型各有不同的侧重点，三维设计模型注重细节设计，许多结构细节对于最终计算结果影响不大，但是却非常消耗计算时间，甚至有些还会导致错误的分析结果。因此需要借助桥平台对模型专门进行中间处理，节省在导入 CAE 软件前对 BIM 模型进行简化的时间和精力，提高工作效率。

充分开发 BIM/CAE 集成桥技术，结合 BIM/CAE 集成化的思想，应用参数化建模等方法在 BIM 软件中快速建立三维实体模型，通过对模型的传递与转换，导入到 CAE 系统中进行有限元分析，分析结果可以即时反馈给工程设计人员，用于指导、修改、优化设计方案。

3.3.1.2　基于 Hypermesh 的 BIM/CAE 桥技术

在进行 CAE 分析计算之前需要对模型进行有限元剖分处理，将三维设计模型转变为三维分析模型，此过程是有限元分析中首要的也是最为重要的工作，只有把这一环节的工作做好，才能保证后续计算分析工作的正确性。通常会通过一些专业的有限元剖分前处理软件作为桥技术完成这一步工作。常用的前处理软件如下：

（1）Hypermesh。Hypermesh 是 Altair 公司推出的一款多学科前处理软件，其优点是简单易用、网格自定义性强、功能完备、支持的 CAD 模型导入到 CAE 分析模型格式较为通用，特别是在简单几何模型六面体网格划分方面具有一定优势，是目前国内应用最多的一款前处理软件。

（2）ANSA。ANSA 由世界领先的前后处理软件公司 BETA CAE Systems 研发推出，是目前全球公认的最快捷的 CAE 前处理软件，广泛应用在土木、航空航天、汽车等工业领域。其最大的特色是所有功能采用一级菜单系统，方便用户直接从菜单栏中选取功能按钮。

（3）ANSYS Workbench。ANSYS Workbench 是世界一流仿真技术研发公司 ANSYS 推出的设计仿真集成环境，将前后处理与 ANSYS 求解器分析计算所需的工具和功能进行整合，达到高度统一。在已有 Autodesk Inventor 的基础上安装 ANSYS Workbench 后，可以集成导出到 ANSYS Workbench。针对三维模型的有限元剖分，其优势主要在于对装配体的支持，对于接触等不同部分分析模型装配关系提供了较好的自动化处理功能，多用于机械制造业的仿真模拟。

SAT 格式的模型文件具有完整的几何数据，能够导入和导出准确几何边界表示（BREP）数据，如 Revit、Inventor、Rhino、Catia、3ds MAX 等软件都可以使用，是一种通用 3D 图像文件格式。常见的 CAE 软件对 SAT 格式的兼容性可以分为两种：一种是与 SAT 格式文件有直接的数据接口，例如 ANSYS、FLUENT；另一种是与 SAT 格式文件没有直接的数据接口，例如 ADINA、ABAQUS 和 FLAC3D。虽然 ANSYS 与 SAT 格式文件有直接的数据接口，但是其学习周期相对较长，网格剖分智能化程度与 HyperMesh 软件相比还有一定差距，而且经实践证明其与三维建模软件的容差存在一定的差异，使得导入的 BIM 模型部分信息失真。

因此，本书中 BIM/CAE 集成桥技术主要采用 Hypermesh 软件作为桥中间处理软件。Hypermesh 是美国 Altair 公司开发的一款高效的有限元前处理软件，用其作为桥技术中间处理软件的优势主要体现在以下几个方面：①拥有最广泛的商用 BIM 软件接口。能够很好地兼容 SAT 格式模型文件，经实践证明基本没有模型信息丢失现象。②具有强大的模型修改和修复功能。Hypermesh 包含一系列工具包，用于整理和改进输入的几何模型，可以快速修复几何模型的间隙、重叠和缺损等问题。③内嵌功能强大的网格剖分模块。Hypermesh 的自动网格划分模块为用户提供了一个智能的 CAE 计算网格生成工具，同时具有云图显示网格质量、单元质量跟踪检查等方便的工具，可以及时检查并改进网格质量；其生成网格的效率和质量方面，具有很好的速度、适应性和可定制性。④内置丰富的求解器输出模版。Hypermesh 支持很多不同求解器的输入输出格式，几乎囊括了所有通用的 CAE 系统。这样系统平台就可以利用 Hypermesh 作为统一的 CAE 预处理平台，即统一利用 Hypermsh 进行网格划分，然后根据不同的问题选择不同的求解器进行求解，大大提高了分析效率。图 3.3-1 为某重力坝枢纽工程整体模型网格剖分效果。

3.3.1.3 桥技术应用

1. 水电枢纽综合布置

基于 BIM 集成化分析平台完成了基于溢洪道控制段、进水塔及厂房结构三维设计成果 CAE 分析，分别就竣工工况及正常蓄水位工况进行了应力、应变和稳定分析。应用 BIM/CAE 分析桥技术，将枢纽布置 BIM 三维设计成果进行 CAE 分析模型的初步提取，再结合复合接口程序完成向 ANSYS 软件中的输入，经过在 ANSYS 中简化、剖分，得到计算模型。基于复合数据接口的模型数据传导示例如图 3.3-2 所示。

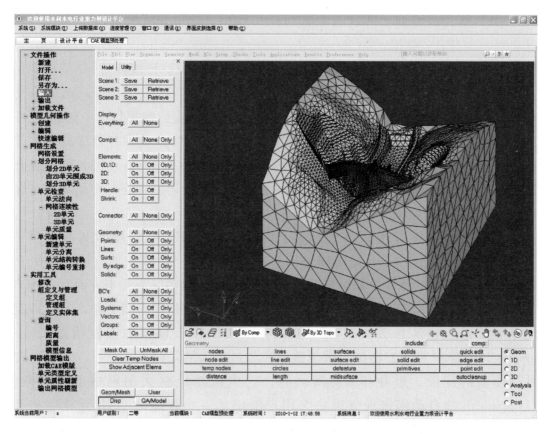

图 3.3-1　某重力坝枢纽工程整体模型网格剖分效果

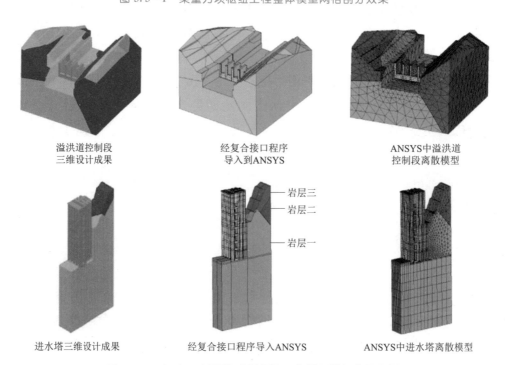

溢洪道控制段
三维设计成果

经复合接口程序
导入到 ANSYS

ANSYS 中溢洪道
控制段离散模型

进水塔三维设计成果

经复合接口程序导入 ANSYS

ANSYS 中进水塔离散模型

图 3.3-2（一）　基于复合数据接口的模型数据传导示例

 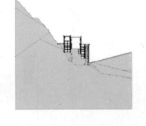 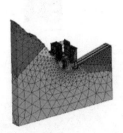

厂房三维设计成果　　　　经复合接口程序导入ANSYS　　　　ANSYS中厂房离散模型

图 3.3 - 2（二）　基于复合数据接口的模型数据传导示例

2. 重力坝 BIM 协同设计

基于 WebGL 的重力坝 BIM 正向设计平台主要包括坝体体型参数化分析创建、地形场景导入、BIM 拼接定位、方案比选、BIM 属性扩展、碰撞检测、场景漫游、模型出图、工程算量等功能模块。利用 BIM/CAE 集成桥技术，并与云分析技术结合，在云服务器上进行 CAE 分析计算后，通过 Web 端即可看到参数化设计的坝体的三维有限元分析计算情况，直观地查看计算云图结果。设计者在 Web 端只要能够访问云服务器内的参数化设计系统平台，即可做到 CAE 分析和三维设计参数的不断互馈，从而使设计成果不断优化。正向设计平台参数化设计与模型创建页面见图 3.3 - 3，坝体 CAE 可视化分析页面见图 3.3 - 4。

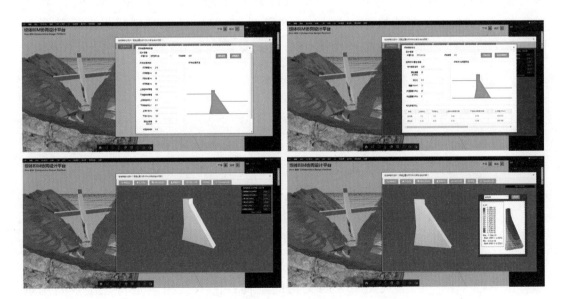

图 3.3 - 3　正向设计平台参数化设计与模型创建页面

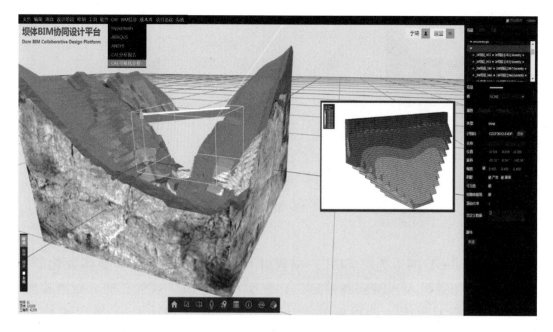

图 3.3-4 坝体 CAE 可视化分析页面

3. 重力坝施工期结构安全分析

基于 BIM/CAE 重力坝施工期结构安全分析系统设置结构安全计算模块，利用 BIM/CAE 集成分析桥技术，针对特殊工况下的坝体结构安全进行 CAE 分析。在 Web 端进行求解模型的选择，对计算过程中需要的参数进行设置，通过模型数据转换与传递调用 CAE 软件计算求解，最后提取 .ODB 计算结果反馈至系统页面进行展示。BIM 三维模型与 CAE 分析模型场景展示效果见图 3.3-5。基于 BIM/CAE 的性态分析页面见图 3.3-6。

3.3.2 BIM/CAE 自动生成网格技术

1. 八叉树的定义

八叉树为树状数据结构，用于描述三维空间。八叉树每个节点都由一个立方体表示，每个节点又可以分成八个节点，这八个节点称为被剖分节点的子节点，将八个子节点所表示的体积元素加在一起就等于父节点的体积。

八叉树结构最早是由 Schneider 提出。自从 1978 年八叉树（Octree）的概念被提出来后，大部分研究集中在以八叉树为代表的三维栅格数据模型及在 CAD 中广泛应用的 CSG 和 BR 模型。经过多年研究，八叉树有了很大的发展，具有以下四个特点：①八叉树为四叉树的延伸；②八叉树就是将三维空间用垂直 X 轴、Y 轴、Z 轴的平面分解为直平行六面体；③将对象分解为六面体时不按坐标轴排列，六面体的大小和方向是任意的；④每个平行六面体都被递归

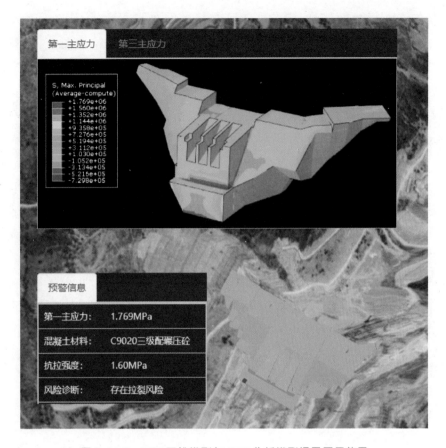

图 3.3 - 5 BIM 三维模型与 CAE 分析模型场景展示效果

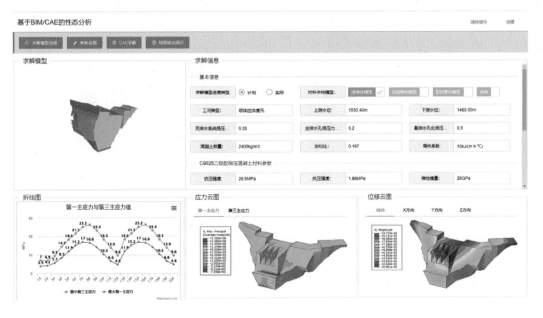

图 3.3 - 6 基于 BIM/CAE 的性态分析页面

地分解为在该平行六面体所围成的空间内并排的小平行六面体。

与八叉树算法类似的方法还有 Walton 提出的 Scupting 方法，是将六面体单元放到模型的内部，直到把模型装满为止，装满后再将不需要的网格删除以完成模型网格的划分。

八叉树有三种不同的存储结构，分别是规则方式、线性方式以及一对八方式。相应的八叉树也分别称为规则八叉树、线性八叉树以及一对八式八叉树。

（1）规则八叉树。规则八叉树的存储结构是用一个有九个字段的记录来表示树中的每个节点。其中一个字段被用来描述该节点的特性，其余八个字段分别被用来存放指向其八个子节点的指针，这是最普遍使用的表示树形结构的存储结构的方式。普通八叉树缺陷较多，最突出的问题是指针占用了大量空间，因此，虽然此方法简单，但是在存储空间使用率上很不理想。

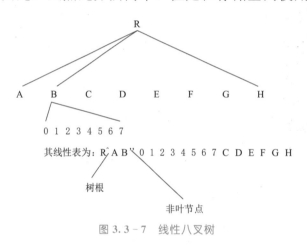

图 3.3-7 线性八叉树

（2）线性八叉树。线性八叉树注重考虑如何提高空间利用率。用预先确定的次序遍历八叉树（例如以深度第一的方式），将八叉树转换为一个线性表，表的每个元素与一个节点相对应，如图 3.3-7 所示。用适当的方式说明它是否是叶节点，若不是则可以用其余八个子节点值的平均值作为非叶节点的值。如此，便可在内存中用紧凑方式表示线性表，而不用指针或只用一个指针。

（3）一对八式八叉树（图 3.3-8）。由上述可知，如果一个记录与一个节点相对应，那么在这个记录中描述的是这个节点的八个子节点的特性值。而指针给出的则是该八个子节点所对应记录的存放处，而且还隐含地假定了这些子节点记录存放的次序。也就是说，即使某个记录是不必要的（如该节点已是叶节点），那么相应的存储位置也必须空着，以保证不会错误地存储到其他同辈节点。

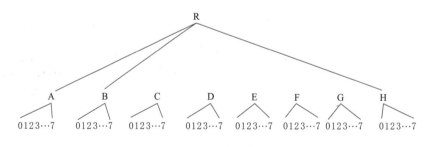

图 3.3-8 一对八式八叉树

2. 八叉树算法

八叉树算法有简单、便于实现、自动化程度高、网格划分速度较快、内部网格质量高、几何通用性较好等优点。八叉树算法是一个空间非均匀网格剖分算法，该算法将含有整个场景的空间立方体按三个方向的中剖面分割成八个子立方体网格，组织成一棵八叉树。若某一子立方体网格中所含三角面片数大于给定的阈值，则将该立方体作进一步剖分。重复上述剖分过程，直至八叉树每一个叶节点所含三角面片数均小于给定的阈值。

（1）传统八叉树剖分思想。传统八叉树剖分是在每个方向上进行等分，选择平行坐标轴的分割平面，每一次都把一个空间均匀分成八个子空间，每个子空间立方体不光是场景划分的依据，也是每个节点的轴对称包围盒。

（2）面向对象八叉树剖分思想。面向对象八叉树剖分思想是面向对象技术与八叉树剖分算法的结合。其八叉树的叶节点包含的不是三角面片，而是带有AABB层次包围盒模型对象。这种八叉树在不丢失场景中对象的几何、物理信息的同时，对场景中更多物体进行八叉树剖分，使得剖分更加彻底，保留了八叉树的优点。

（3）混合空间八叉树剖分思想。混合空间剖分八叉树结合了传统八叉树与面向对象八叉树的思想，传统八叉树用于保存物体表面三角面片，进行场景渲染、剔除等操作，面向对象八叉树用于保存对象信息，在场景中实现信息提取及交互控制，将两种思想的优点有效地结合。

四叉树/八叉树网格的生成算法是基于分层树的技术，问题域的方形/三次边界框是根单元格。从根单元格开始，通过将边缘一分为二来递归地划分一个单元格，直到满足指定的停止条件为止。在一个细分中，新生成的单元称为父单元的子级。在生成三维模型的八叉树网格时，一个立方体单元通过两等分可以分成八（2^3）个单元，一个立方体的三级八叉树网格划分如图3.3-9所示，单元心系被有效地存储在处于最高级别的根单元树型数据结构中。

图3.3-9　立方体八叉树网格划分示意图

八叉树算法的一般步骤为：①设定最大递归深度（划分的最大级数）；②找到能包围场景的最大尺寸，建立第一个立方体（包围盒）；③依序将单位元素放入能被包含且没有子节点的立方体；④如果没有达到最大的递归深度，就进行八等分细分，再将立方体所装单位元素全部分担给八个子节点立方体；⑤如果子立方体分配到的单位元素数量不为零且与父立方体一样，则停止细分；⑥重复第③步骤，直至达到最大递归深度。

八叉树剖分算法流程如图 3.3-10 所示。

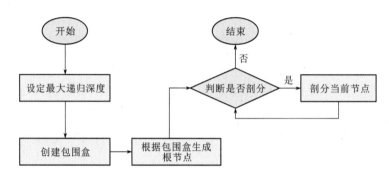

图 3.3-10　八叉树剖分算法流程图

3. 核心部分八叉树网格划分

核心部分八叉树网格划分主要应用八叉树自动剖分技术。根据结构边界包含的问题域生成一个大小合适的单元格，将结构包起来，此单元格的位置及大小可以在 Box Center 及 Box Dimension 中设置，该单元格被称为根单元格。根据边界上种子点的位置，根单元有目的性地在相应位置进行分裂。网格生成的八叉树算法是基于层次树的思想，从根单元格开始，按照 2:1 平衡分割原则递归地进行等分，新生成的单元格命名为父单元格的子单元格。在三维空间中，当分割第 n 次时，根单元的体积是最高分割层次的子单元的 2^n 倍。然后定义单元格分裂停止条件，即单元格的最大尺寸 a_{max} 和最小尺寸 a_{min}，及最小单元格内种子点允许最大数量，当最小单元格的尺寸小于等于 a_{min} 或者其内部种子点小于 λ 时，停止分割。图 3.3-11 为 3 个分割层次的八叉树单元。

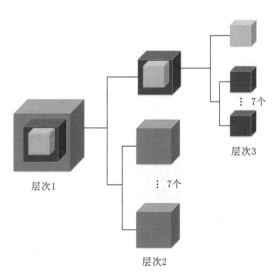

图 3.3-11　3 个分割层次的八叉树单元

模型在利用 KUBRIX 进行网格划

分后，不规则边界处不能自动进行网格划分，因此需要人工干预进行模型整体网格划分。本书提出的模型八叉树网格划分思路主要为：核心部分使用八叉树网格划分，在核心八叉树网格生成后，将未划分的实体部分裁剪出来进行四面体网格划分。

在 RHINO 中应用 KUBRIX 插件能够基于 CAD 进行网格重剖分并输出有限元网格或者离散原块模型，实现的主要过程如下：

（1）将建立好的模型以 .dwg 格式导入 RHINO 中，建立多重曲面，并在 RHINO 中划分四面体网格，将网格导出为 .stl 格式文件；或者以其他软件导入 .stl、.dxf 等格式网格，再通过 RHINO 导出为 .stl 格式文件。

（2）将导出的 .stl 文件导入 KUBRIX 中重新剖分并生成网格，KUBRIX 划分八叉树网格参数设置界面见图 3.3-12。

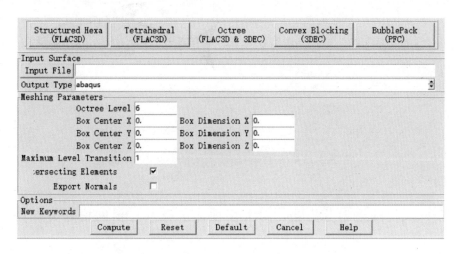

图 3.3-12　KUBRIX 划分八叉树网格参数设置界面

（3）将生成的八叉树核心网格重新处理，从实体模型中裁剪出没有划分网格的部分进行四面体网格划分。

图 3.3-13 为一个球体八叉树网格划分的实现过程。利用 KUBRIX 插件对球体划分八叉树网格，八叉树划分等级为 6 级，划分时间为 46.7s，划分完成后模型核心部分共 21317 个单元及 22499 个节点，删除模型外部八叉树网格后，将球体模型中未划分网格的部分分割出来进行四面体网格划分。划分完成后模型边缘部分共 21643 个单元及 6979 个节点。其中核心部分八叉树网格划分体积约占模型总体积的 87%。

图 3.3-14 为三维鱼模型的八叉树网格划分示例，八叉树划分等级为 7 级，核心部分八叉树划分时间为 36s，共划分 38075 个六面体单元，共 40032 个节点。

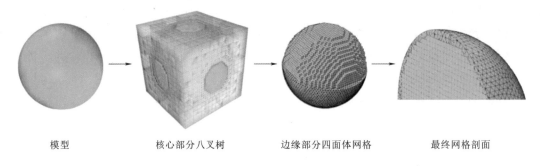

| 模型 | 核心部分八叉树 | 边缘部分四面体网格 | 最终网格剖面 |

图 3.3 - 13　球体八叉树网格划分的实现过程

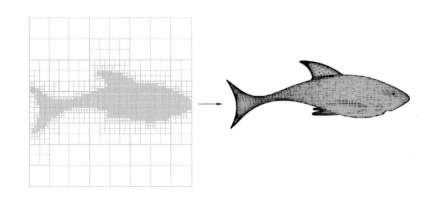

图 3.3 - 14　三维鱼模型的八叉树网格划分示例

4. 大坝八叉树网格划分

基于八叉树网格划分方法，对大坝坝体进行八叉树网格划分，具体步骤如下：

（1）大坝模型以 DWG 格式从 Revit 中导出，导出时的视图为三维视图，选择导出的类型为 DWG 文件。如果导出的 DWG 文件版本过高，可能会导致文件在 RHINO 无法导入或导入的模型有信息缺失。

（2）导入 RHINO 后模型以"块"的形式存在，此时的模型是不能在 RHINO 中进行编辑的，需要使用 RHINO 软件中的"Explode"功能将导入的模型调整为多重曲面。

（3）在划分网格前，如模型有分区需先将模型分区部分进行分组，然后执行 KUBRIX 插件命令"Join"或者 RHINO 中的命令"_Nonmanifoldmerge"将模型生成一个不透水的整体多重曲面后再进行网格划分。

（4）初始网格的划分需在 RHINO 软件中进行，使用软件自带的划分网格功能对模型进行四面体网格划分。划分完成后导出 STL 网格文件时文件类型需选择 ASCII 格式。

　　以某大坝断面进行的八叉树网格划分最终划分效果如图 3.3 – 15 所示，坝体八叉树划分等级为 6 级，大坝材料分区以不同颜色示意。根据有限元计算的需要将坝体主要分为三个材料区，即粗堆石料Ⅰ区、粗堆石料Ⅱ区、心墙料区。该模型共包含八叉树六面体网格单元 80288 个。

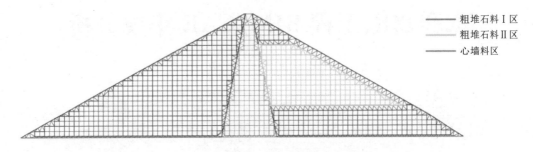

图 3.3 – 15　以某大坝断面进行的八叉树网格划分最终划分效果

第 4 章

水利水电工程 BIM/CAE 集成分析

4.1 BIM/CAE 一体化集成分析

4.1.1 BIM/CAE 集成分析模型的快速创建方法

4.1.1.1 基于 CAE 的三维参数化特征造型方法

1. 三维参数化实体造型方法

参数化设计的原则是通过几何数据的参数化驱动机制改变模型的形状，满足模型的约束条件和约束之间的相关性。同时也可以通过 CAE 中的各种有限元软件对模型进行有限元分析，再根据分析结果对模型尺寸进行修改。对于一个复杂模型，约束可能很多，通过 CAE 软件的分析结果反馈，增加了复杂模型修改的难度。

基于 CAE 分析结果的 BIM 模型参数化设计的主要特点包括：①基于特征，一些具有代表性的几何图形被定义为特征，它们的所有尺寸都存储为变量参数以形成实体，在此基础上，建立较为复杂的三维实体模型；②尺寸驱动，通过编辑尺寸来改变几何形状；③全尺寸约束，同时考虑形状和尺寸，几何形状由尺寸约束控制，建模必须基于完整的尺寸参数（完全约束），而不是遗漏的尺寸（约束下）和过度尺寸（过度约束）；④CAE 分析结果驱动形状修改，通过有限元计算结果来驱动几何形状的改变；⑤全数据相关，只要有一个尺寸参数的改变就会影响其他尺寸。

参数化设计方法目前主要有：几何推理法、参数编程法、过程构造法、代数求解法和基于特征的参数化方法等。

（1）几何推理法。几何推理的主要思想是将模型的约束条件和初始尺寸存储在知识库中，然后通过推理机构造三维模型。

（2）参数编程法。参数编程法需要在参数化建模之前分析模型的结构特征，确定三维模型各部分之间的几何关系和拓扑关系。当输入给定的模型特征参数时，可根据输入参数计算其他参数。然后通过程序实现参数化建模，最终生成三维模型。

（3）过程构造法。过程构造法是通过记录模型中几何体系在参数化建模过程中的先后顺序和相互关系，来实现几何模型的参数化设计，这种方法适合具有复杂构造过程的几何模型。

（4）代数求解法。代数求解法的原理是用一系列特征点和尺寸约束来表示几何模型。同时，用一组非线性方程表示尺寸约束，然后通过求解非线性方程确定几何模型。

（5）基于特征的参数化方法。此方法是对描述模型的特征信息进行参数化，输入特定参数确定具体的三维模型。这些特征不仅包括物体的尺寸、形状和位置等几何信息，还包括材料等非几何信息。通过参数化组件实现了整个三维模型的参数化。

2. 三维参数化特征造型方法

特征造型技术是三维设计系统中广泛应用的一种实体造型技术。特征造型的基本思想是预先定义一些特征，确定它们的几何和拓扑关系，并将特征参数存储为变量。在设计模型时，设计师根据自己的设计意图调用所需的特征，并分配特征参数来完成模型定义。

特征造型的特点是其定义的模型由一系列特征组成，其模型结构清晰，建模顺序记录也比较详细，有利于标准化设计的实现。

将特征建模技术与参数化设计技术相结合的三维参数化特征造型方法，使实体零件在包含更多设计信息的同时实现快速设计。同时，零件的修改可以转化为零件特征参数的修改，为参数化零件库的构建提供了依据和方法支持。

4.1.1.2　基于 CAE 的参数化构件库建立方法

三维参数化构件库将模型设计过程中使用的构件信息存储在一起，使用标准描述格式，对模型的构件进行规范化和标准化，由专用系统进行管理，并建立构件信息数据库。设计者可以检索、访问和扩展构件库。构件库提供与模型设计系统的接口，利用参数化设计思想驱动构件库中各个组件尺寸的修改，实现构件的自动创建。

1. 参数化构件库功能分析

水利水电工程涉及专业多且规模大，构件库的形式和类型丰富，给三维参数构件库的建立带来了一定的困难。一般来说，三维参数化构件库应具有以下功能：

（1）模型预览功能。构件库为用户提供包含构件和程序集的预览功能。它可以预览、缩放、旋转和翻译包含构件的部件。同时可以显示三维模型的特征树。

（2）部件尺寸的参数驱动功能。利用三维模型参数化驱动程序，用户可以根据工程情况自动生成模型，确定具体的模型约束和尺寸参数，大大提高了设计效率。

（3）添加和删除构件库的功能。构件库的动态添加功能使用户可以根据自己的需要通过人机交互添加构件，体现了构件库系统的便捷性和可扩展性。

（4）构件库编辑和管理功能。根据水利水电行业的特点，三维参数构件库需要对模型的几何参数和其他属性信息进行管理，包括用户定义构件、非标准构件、标准构件，并能提供这些信息的编辑界面。

（5）构件库的分类检索、查询功能。构件库中三维参数化模型包含着多种信息格式。构件库需要提供多种检索和查询工具，以满足不同方式或不同目的的检索。

从以上基本功能可以看出，水利水电行业三维参数化构件库的中心目标是最大限度地利用构件库内部和外部知识资源，同时要具有良好的人机交互界面，方便设计人员使用。构件库系统不仅需要集合大量水利水电行业参数化构件，还应提供充分的辅助功能，使设计使用人员不仅可以利用构件库系统获得所需要的信息，并通过参数化驱动的方式直接生成三维模型，还可以方便地进行添加、修改、查询、预览等操作。

根据以上功能可知，水利水电行业参数化构件库的核心是最大限度地利用构件库的内外部资源。构件库系统不仅需要收集大量的水利水电行业参数化构件，还需要提供足够的辅助功能，使设计用户不仅可以通过参数化驱动直接生成三维模型，也可以通过构件库系统获取所需的信息并方便地进行修改、添加、预览和查询等操作。

2. 参数化构件库设计原理

为了建立水利水电行业参数化构件库系统，首先需要根据水利水电行业各构件的功能，将其划分为若干类型；其次，根据相似性和可重用性原理，对构件的结构和特点进行综合分析，确定这些构件的代表性特征和几何结构，利用可能的变形设计方案及相关的属性和参数确定该类构件的主要模型；然后建立主模型的参数化驱动机制，实现构件属性和几何参数的自定义化输入和模型的实体化，最终得到相应的三维参数化构件主模型。

构件主模型可以在三维设计软件中构建，而三维软件应当具有良好的造型能力和易开发性，比如 Revit、3D Max 等 BIM 建模软件。在建立构件库的过程中，构件的几何和拓扑约束应预先设定并存储在构件库中。新构件的具体尺寸值一般不同于原构件，但它们的几何关系和拓扑关系是相似的。建模过程可以使用构件库中的各种约束，依靠新输入的参数进行参数化建模。

3. 三维参数化构件库体系结构

水利水电行业构件库一般设为三层体系结构，它也是基于模块化设计而设置的，即数据访问层、应用层和功能逻辑层。

（1）数据访问层。由于构件库属于共享资源，因此该访问层是基于位于中央服务器上的文档电子仓库和网络数据库建立的。

（2）应用层。应用层为客户端用户管理界面、人机交互界面和 Web 浏览器。客户端用户管理界面负责管理用户对构件库的访问权限。通过授权用户，它可以添加、删除、修改和查询构件库。采用基于 BIM 建模软件平台的人机交互界面，对构件库中的构件进行设计、添加、查询和选择。Web 浏览器应用程序用于在不安装客户端程序的情况下实现构件库管理和信息查询。

（3）功能逻辑层。首先由用户发出请求，系统在功能逻辑层中进行确定；之后再从数据层那里获得用户发送的数据，同时对接收到的数据进行一系列操作；最后将三维模型及附属属性信息再反馈给应用层。这一层也是整个构件库系统的核心。

4.1.1.3　基于 CAE 的信息模型快速创建方法

基于三维参数化特征建模方法和参数化构件库的建立方法，通过对水利水电工程信息模型建立过程的分析，确定了以现有的参数化设计软件作为系统工具、模型模板库和构件库作为系统资源、模型装配和构件装配作为主要过程的水利水电工程信息模型建立方法体系。

水利水电工程信息模型的创建主要步骤如下：

（1）确定子模型，如一个重力坝模型或是渡槽模型。

（2）将子模型进行构件分解，如图 4.1-1 和图 4.1-2 所示，确定合理的建模顺序和构件的特征。

（3）在现有的参数化设计软件中，构建参数化构件库。

（4）在参数化设计软件中，选取构件库中的构件，通过构件自带的装配功能对构件进行组装，并生成子模型，最终形成模型模板库。

（5）在参数化设计软件中，调用形成的模型模板库，转化为新的子模型，并且实现自顶而下的设计。在参数化设计软件中，将各种子模型（不管是参数化的还是非参数化的）进行装配，最终形成水利水电工程信息模型。

基于 CAE 的信息模型快速创建是在调用构件库建立典型建筑物水利水电

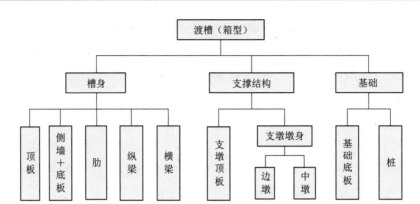

图 4.1-1 渡槽构件组成

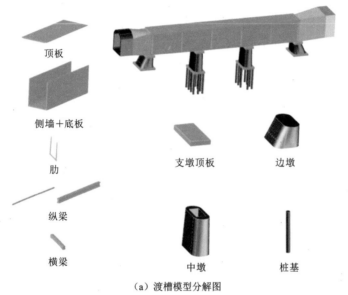

（a）渡槽模型分解图

（b）构件模型参数特征

图 4.1-2 渡槽构件模型示意图

工信息模型后，对其进行简化后传递给 CAE 分析系统，系统智能化完成初步 CAE 分析，结合 CAE 反馈的分析结果，再基于参数化驱动机制对水利水电工程信息模型进行修改。

4.1.2 BIM/CAE 一体化集成分析的实现过程

4.1.2.1 数据转换接口实现

水利水电工程相对应的信息模型结构复杂，其结构设计的校核与优化需要 CAE 分析，有利于设计成果合理应用于实际的工程建设之中。但是，CAE 建模的及时性和复杂性严重制约了 CAE 分析技术在各行业设计人员中的广泛应用。BIM/CAE 集成分析则可以有效地解决这个问题，而 BIM/CAE 数据转换接口则决定 BIM/CAE 集成分析的质量和效率。

Autodesk Inventor 提供的有限元分析模块是调用了 ANSYS 软件的网格划分和数值计算的内核技术，使得在建模、施加力和施加约束方面都有了更为方便的操作。但是目前集成到 Inventor 中的 ANSYS 模块是一个相当简单的模块，现实中许多分析需求会超过这个模块的能力。这时可以选择将当前分析信息输出到一个特殊文件中，这种文件可以被 ANSYS Workbench 系统接收数据，并进一步执行更复杂的分析。

BENTLEY 暂无对应的有限元分析软件接口。

CATIA 与有限元分析软件 ABAQUS 的数据共享机制如下：①无须使用接口，ABAQUS 直接导入 CATIA 的零件文件或装配文件，但是该方案不支持模型的动态更新；②通过 ABAQUS for CATIA 接口，把 ABAQUS 求解器内嵌在 CATIA 内，在 CATIA 中直接进行求解计算。

以上是目前三大平台所支持的有限元分析软件接口的现状发展水平，下面具体介绍本书提出的解决方案。

在实际操作中，由 CAD 模型导入 CAE 系统中往往会出现信息丢失或者失真的情况，这是由于 CAD 与 CAE 三维实体模型的拓扑标识和几何元素定义方面并不完全一致，这种差别导致系统在不同内核造型系统之间进行模型转换时，需要进行一定的拓扑映射和元素逼近；造型精度不同的系统之间进行模型转换时，也会发生拓扑关系逼近和几何元素重构，这些都可能造成模型转换中发生数据丢失或者失真。

本书提出的规范化的 BIM/CAE 数据转换是基于自研的接口程序来实现的，由于 BIM 建模软件没有与 Hypermesh 和 ABAQUS 之间进行数据传输的接口，因此需要对 BIM 模型数据进行转换，建立与 Hypermesh 软件

的数据接口,才可进行后续的自动化剖分、分析计算等操作。具体步骤如下:

(1)接口程序内 BIM 模型简化处理。由于该接口程序的最终目标是将 BIM 模型用于有限元软件进行仿真分析,因此在相对复杂的工程结构中,如果某些细部或附属结构对主体结构受力状态影响较小,则会自动进行忽略或简化处理。例如,轴线为弧形的隧洞可以简化为直线,同时可以忽略调压井间的连通廊道等附属结构。同时,由于有限元计算中要求网格单元中不含有曲面,因此接口程序中也设定了对含有曲面的 BIM 模型进行相应处理的程序。

(2)非几何数据信息处理。对于非几何数据信息,主要是材料属性等相关参数,利用 Inventor 官方推荐的 C♯语言编写二次开发脚本,通过 Element. get _ Parameter(string name)函数获取各个元素的所有参数,遍历参数名称找到需要进行提取的参数值,并获取不同构件的 Guid 作为数据检索的唯一标识,将每个构件的各项所需非几何信息提取出来对接到 SQL Server 数据库对应的属性信息数据表内进行存储,为后续提取和修改属性信息提供数据基础。

(3)模型整体剖切划分。对于大部分经过第(1)步简化处理后的三维实体模型,可以通过其 X、Y、Z 三个方向中某两个方向的投影草图来唯一确定。因此,通过在上述两个方向的投影草图而生成的剖切面则可以用于将该三维模型划分为所需的若干实体单元。

(4)利用 Hypermesh 二次开发。利用 Hypermesh 进行有限元计算模型的前处理过程,并进行二次开发,利用三维剖切中获得的实体单元的几何拓扑信息(各个单元的顶点个数与相应的顶点坐标)与附加属性信息(各单元名称与类别),将得到的所有实体单元进行转换,并通过数据接口与数据库中对应材料属性信息进行双向绑定,最终得到类型和材料属性一一对应的网格单元。

4.1.2.2 整体三维模型剖切

1. 整体三维模型几何信息提取

(1)几何信息提取模型与剖切模型准备。整体三维模型的几何信息提取的目的是在两个方向上生成整个三维模型的投影草图,然后根据投影草图生成剖面。

需要说明的是,在本章地下洞室工程实例中,实际用于切割的三维模型是一个由两部分组成的地质体(与开挖体一起操作),需要提取几何信息并用于生成剖面的三维模型是地下洞室各部分的开挖体，和为了对地质体进行区域划分而特意设置的用于生成地质体区域划分平面的"包围盒体"，如图 4.1－3 所示。图中的"包围盒体 A"围绕着所有地下洞室开挖体，它用于生成剖面，将地质体按是否含有开挖体分成两部分。因为前者受开挖体的影响较大，切割更密集；而后者受开挖体的影响较小，可以单独考虑剖切次数，剖切相对稀疏。"包围盒体 B"围绕着

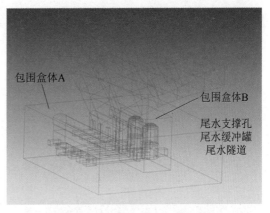

图 4.1－3 用于几何信息提取的
开挖体及"包围盒体"

三部分开挖体，分别为尾水支撑孔、尾水缓冲罐和尾水隧道。"包围盒体 B"用于将包含开挖体的地质体分为两部分，这是因为开挖体的三个部分（尾水分支孔、尾水缓冲罐和尾水隧道与"包围盒体 B"统称为几何体集合 2）两个方向上的投影草图需要包含垂直（Z 方向）投影草图。其他开挖体的投影草图（与"包围盒体 A"统称为几何体集合 1）仅需要包含两个水平方向（X 方向和 Y 方向），导致后面在剖切这两部分地质体时，只能在一个方向上采用相同的剖切面，故需要将二者划分开进行考虑。

（2）几何信息提取与投影草图生成。确定用于生成剖面的几何图形集后，即可以开始提取几何图形集的几何信息，并在两个方向上生成投影草图。

本书使用 . Net API 重新开发 Autodesk Inventor 辅助设计平台，对两个几何集合中每个实体顶点的三维坐标（x，y，z）在两个方向上的顶点进行提取并投影到草图上以生成草图点（如果要将顶点沿 Y 方向投影到草图上，则其 x 坐标不变，z 坐标作为草图上的 y 坐标）；同时，绘制草图点并创建草图线，以生成最终投影草图，如图 4.1－4 和图 4.1－5 所示。

在 Autodesk Inventor 环境中使用 . Net API 提取 3D 实体顶点，遵循自上而下的搜索顺序：首先，通过几何集合中每个 3D 实体的名称获取相应的 Surface Body 集合，存储在数组列表 List 中；其次，开始依次遍历 List 中的 Surface Body 对象，并确定每个面的法线方向，以确定是否需要使用边界面来生成投影草图（如果只需要 X 和 Y 方向投影，则法线方向为 Z 向的平面就不需要投影）；然后，对于需要投影 Face 方向的，遍历其边缘 Edge，最后传递每个边的开始点 Start Vertex 和结束点 Stop Vertex 的起点，以获得 3D 实体的每个顶点的坐标。还要确定每条边（曲线或者线段）的类型，以确定起点和终点之间的草图线类型。

图 4.1-4 "几何体集合 1"投影草图　　　　图 4.1-5 "几何体集合 1"＋"几何体
　　　　　　　　　　　　　　　　　　　　　　　　　集合 2"投影草图

2. 模型重构

模型重构的目的是通过剖切模型来生成六面体类型（含具有五个面的楔形体）的实体单元。模型重构分为几何信息提取模型重构和剖切模型重构两部分，几何信息提取模型重构的目的是解决 BIM 模型简化处理中未涉及的包含曲面的几何信息提取问题；剖切模型重构能够降低用于剖切的模型的复杂度，为后续的剖切模型生成六面体实体单元做铺垫。

几何信息提取模型重构的重点和难点在于如何识别该模型在两个方向上投影草图的外轮廓线，一旦提取出这两组外轮廓线即可分别将二者沿各自的法线方向拉伸成体，进而通过两个体的"布尔交运算"重构出新的三维模型。

地质体重构的具体思路是：①划分块体；②重构每个上层地质体；③重构下层地质体。划分块体时采取分区边界线与下部开挖体在垂直方向上的一些投影线重合的方法，既保证了切割后的实体单元在垂直方向上投影的一致性，又减少了剖切面的数量。在重建所有下层地质体块模型之后，通过"布尔并运算"将每个块模型合并为一个完整的下层地质体模型。

（1）几何信息提取模型重构。通过重构曲面（包含圆弧）的投影草图，进而依据两个方向新生成的投影草图重构出新的模型；此外，在重构圆弧后，需要依据重构后的圆弧生成相应必要的剖切面，为后面剖切此区域的地质体做准备。图 4.1-6 显示的即为厂房、主变室及尾水闸门室等开挖体顶拱圆弧投影草图重构后的效果以及重构后的开挖体模型。图 4.1-7 显示的是依据重构后的圆弧生成的剖切面。

图 4.1－6　几何信息提取模型重构

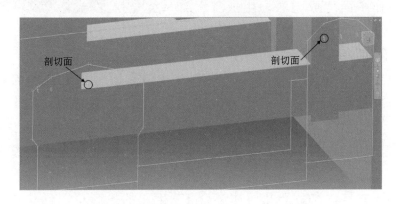

图 4.1－7　依据重构后的圆弧生成的剖切面

Autodesk Inventor 为其建立的任一模型图元提供了一个 AttributeSets 属性集合，该属性集合可以为其模型图元存储除几何信息以外的其他附属信息，进而使得 Inventor 中信息模型的存储信息更加丰富。由于之前在生成各个开挖体的投影草图时，已经在各条草图线的 AttributeSets 属性中添加了其所属开挖体的名称信息，故通过厂房、主变室和尾水闸门室等开挖体的名称即可提取出三者在两个方向上的投影草图线，然后依次循环三个开挖体在两个方向的投影草图线，便可进行草图外轮廓线的识别。简要识别方法如下：循环任一开挖体某一方向上的投影草图线，若当前草图线的中垂线与其余草图线的交点均位于当前草图线的同侧，则当前草图线即为外轮廓线，否则当前草图线为内部线。

（2）剖切模型重构。本章使用的实例中，微新风化层和弱风化层两部分地质体均由栅格网格构成，由于从这两部分地质体中切割出来的实体元素需要保持顶点和边缘沿垂直方向投影的一致性，因此需要考虑对这两部分地质体进行几何重构，进而生成六面体，重构后的地质体如图 4.1-8 所示。

3. 剖切面生成

用于分割整个 3D 模型的剖切面平面主要分为两种类型：一种是工作平面（在 Inventor. Net API 对应于 WorkPlane 类），它是一个无限扩展的平面；另一种是拉伸曲面（对应于 ExtrudeDefinition 类），它是具有有限几何范围的曲面。两者都是由投影草图上的草图线生成的。

（1）工作平面生成方法。生成工作平面的方法：首先将前两个方向的"几何体集合 1"和"几何体集合 2"

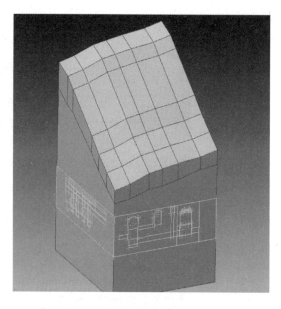

图 4.1-8　用于剖切的重构后的地质体

的草图线段分别存储为 4 个集合；其次，分别遍历每个集合中的草图线段，循环任一草图线的集合时，对于方向为 X、Y 或 Z 的线段，创建于草图平面垂直的线段，包括直线部分的工作平面；然后从集合中删除该条线段以及其他在工作平面上的所有线段，一直循环，直到集合中的线段是空的为止。

需要说明的是，在由"几何体集合 1"生成的投影草图创建工作平面时，需要依据其两个方向的投影草图创建法线方向包括 X、Y、Z 三个方向的工作平面，如图 4.1-9 所示。而在由"几何体集合 2"生成的投影草图创建工作平面时，对于其 Y 向投影草图，只需创建法线方向为 Z 向的工作平面；对于其 Z 向投影草图，只需创建法线方向为 X 向和 Y 向的工作平面，如图 4.1-10 所示。

在创建上述必需的工作平面之后，还可根据需要对工作平面进行加密，以控制剖切后实体单元的尺寸。

（2）拉伸曲面生成方法。在工作平面的生成过程中，若发现集合中某一草图线段的方向不满足 X 向、Y 向或 Z 向中的任一个，则该线段被拉伸成曲面。

由"几何体集合 1"生成的投影草图创建出的拉伸曲面主要是厂房、主变室和尾水闸门室顶拱 Y 向投影线段拉伸生成的曲面，如图 4.1-11 所示。由"几何体集合 2"生成的投影草图创建出的拉伸曲面主要是由尾水支洞、尾水调压井和尾水隧洞 Z 向投影线段拉伸生成的曲面，如图 4.1-12～图 4.1-14 所示。

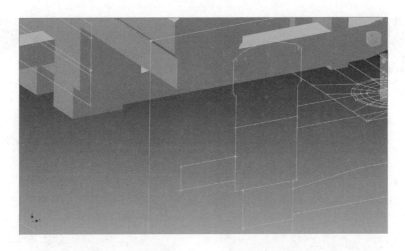

图 4.1-9　由"几何体集合 1"生成的投影草图所创建工作平面

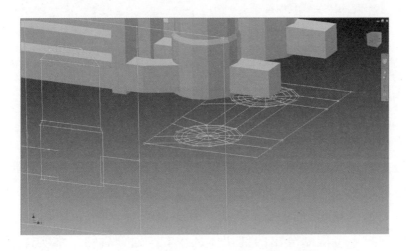

图 4.1-10　由"几何体集合 2"生成的投影草图所创建工作平面

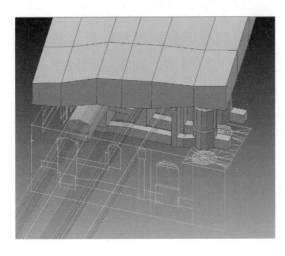

图 4.1-11　"几何体集合 1"投影创建拉伸曲面　　　图 4.1-12　调压井投影创建环向拉伸曲面

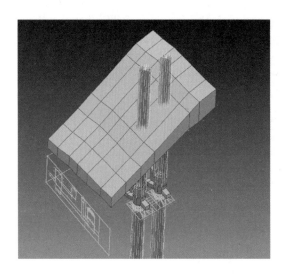

图 4.1-13　调压井投影创建径向拉伸曲

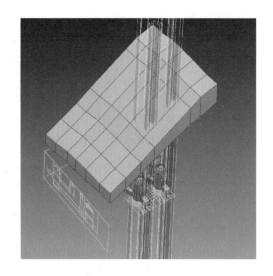

图 4.1-14　尾水支洞、尾水隧洞投影
创建拉伸曲面

4. 模型剖切

在完成剖切面的生成工作之后，开始对相应的用于剖切的整体三维模型进行剖切。

地质体剖切的具体步骤如下：

（1）首先将地质体按照竖向投影位于"几何体集合 2"区域内部或外部划分为剖切体区域 A 和剖切体区域 B。图 4.1-15 中黄色区域为剖切体区域 B，黄色区域以外的区域为剖切体区域 A，其中剖切体区域 B 中的绿色区域是根据调压井竖向投影范围划分出的剖切体区域 C。划分后的三维实体模型通过在其 AttributeSets 属性集合中添加其所属剖切体区域名称以用于剖切时进行区域识别。

（2）采用由"几何体集合 1"投影草图所创建出的法线方向为 X 向和 Y 向的工作平面以及拉伸曲面对剖切体区域 A 进行剖切，剖切后的效果如图 4.1-16 所示。

（3）采用由"几何体集合 2"投影草图所创建出的法线方向为 X 向和 Y 向的工作平面以及拉伸曲面对剖切体区域 B 和剖切体区域 C 进行剖切，剖切后的效果如图 4.1-17 所示。

（4）采用两部分投影草图所创建出的法线方向为 Z 向的工作平面对全部剖切体区域进行水平剖切，剖切后的效果如图 4.1-18 所示。

5. 实体单元分类识别

实体单元分类识别是为了识别出剖切生成的实体单元中哪些属于地下洞室

开挖体，哪些属于开挖体外部的地质体。其实现方法如下：

（1）首先将模型文件中原用于几何信息提取的地下洞室开挖体进行"布尔并运算"，生成一个地下洞室开挖体的整体模型。

（2）遍历各个剖切生成的实体单元，判断其包围盒的中心点是否位于地下洞室开挖体整体模型内部。若是，则该实体单元属于开挖体；否则不属于开挖体。各个实体单元的包围盒可以通过 SurfaceBody 对象的 RangeBox 属性获取，而判断进行点是否在开挖体内部可通过 SurfaceBody 对象的 get_IsPointInside 方法实现。

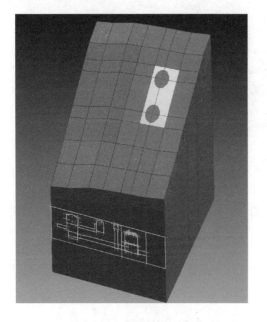

图 4.1 - 15 剖切体区域划分

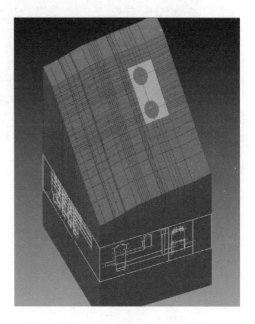

图 4.1 - 16 剖切体区域 A 剖切后的效果图

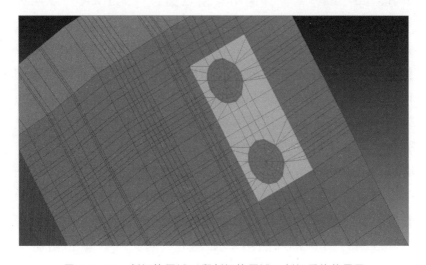

图 4.1 - 17 剖切体区域 B 和剖切体区域 C 剖切后的效果图

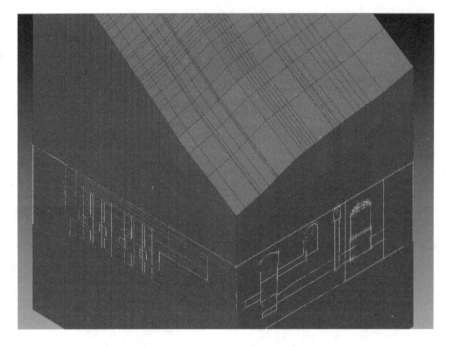

图 4.1-18　全部剖切体区域经过水平剖切后的效果图

4.1.2.3　网格单元重构

1. 实体单元几何信息提取

在完成整体模型剖切生成实体单元之后，需要提取出实体单元 BIM 模型的几何信息，并以此转化成与之一一对应的网格单元 CAE 模型。

各个实体单元在 Inventor. Net API 中都是一个 Surface Body 对象，通过循环每一个 Surface Body 对象并遍历其顶点集合（Vertices）属性可以获得所有实体单元的各个顶点坐标信息。由于相邻实体单元共用顶点的缘故，如此遍历会存储重复的顶点数据，因此在编写程序时采用 Microsoft SQL Server 数据库的存储和查询技术，建立网格节点表和网格单元表，前者用于存储不重复的节点编号和节点坐标，后者用于存储单元编号和单元所有的节点编号，通过结构化查询语句（SQL）在每次获得顶点坐标数据后均判断网格节点表中是否已经存在该节点。如果不存在，则将该节点存入网格节点表中并为该节点创建相应的节点编号，同时将该节点编号添加至此实体单元的节点编号列表变量中；如果已经存在该节点，则直接将该已存在的节点编号添加至此实体单元的节点编号列表变量中。待此实体单元所有顶点遍历完毕后，则将其节点编号列表变量中的所有节点编号信息录入网格单元表中，同时为该单元创建相应的单元编号。

2. Hypermesh 二次开发

Hypermesh 是一款强大的有限元前处理软件，为 BIM 模型向 CAE 模型的转换提供了一系列高效的有限元网格剖分工具，其创建的网格单元模型与多款 CAE 数值仿真分析软件存在数据接口，并且能够实现将复杂 BIM 模型快速自动剖分为四面体，同时也能够提高六面体半自动剖分的效率。

Hypermesh 中创建 CAE 模型主要有两种方式：第一种是通过导入 BIM 模型进行网格单元剖分生成；第二种是通过创建节点、单元的顺序直接生成有限元计算模型。由于精度和内核不同，BIM 模型数据经常无法顺利导入 Hypermesh 中，实际工作中经常需要在 Hypermesh 中进行模型拓扑结构的修复，有时甚至需要重构模型，使得 BIM/CAE 集成应用的效率大大降低。本书中的网格单元重构工作正是基于第二种方法，并通过对 Hypermesh 进行二次开发而批量创建出与实体单元一一对应的网格单元。

进行 Hypermesh 二次开发采用的是 Tcl 语言，它是一种轻量化的跨平台的脚本语言。通过 Tcl 语句规则编写文本文件，即可创建用于控制 Hypermesh 操作的命令流文件。其创建节点和单元的关键语句形式如下：

（1）创建节点 * createnode x y z 0 0 0。其中，x、y、z 分别表示该节点的三个坐标分量。每一个节点创建后系统会自动按照节点创建的次序为节点编号，编号数值从 1 开始。

（2）创建单元。创建单元是在该单元所有节点创建完成的基础上进行的，首先需要创建单元所含节点编号集合，实现语句为 * createlist nodes listid node1 node2 node3 node4 node5 node6 node7 node8。其中，listid 为此单元节点编号集合的 id；node1～node8 分别为该六面体单元所含 8 个节点的编号，若为其他类型单元则节点编号个数会相应减少。然后依据相应的节点编号集合创建所需类型的单元，实现语句为 * createelement elemtypeparam1 elemtypeparam2 listid autoorder。其中，elemtypeparam1 和 elemtypeparam2 是用于确定所创建单元类型的两个参数，如对于六面体单元，二者分别为 208、5，对于三棱柱单元，二者分别为 206、10，对于四面体单元，二者分别为 204、1；listid 是用于确定所创建单元节点编号集合的 id；autoorder 是用于确定创建单元时是否自动对节点编号列表中的节点进行编号，并按照创建单元所需的节点顺序进行排序，是则设置为 1，否则设置为 0。

3. 网格单元重构

在上述研究的基础上，网格单元重构的方法可以按照如下步骤进行，具体流程如图 4.1－19 所示。

（1）循环遍历每个实体单元，在进行几何信息提取的同时，将创建单元分组、创建节点和单元的 Tcl 语句字符串写入文件类型为 Tcl 的文本文件。

（2）将 Tcl 文本文件输入 Hypermesh 中生成网格单元。

完成图 4.1-19 中的程序流程即完成了创建网格单元的 Tcl 文本文件的编写，将生成的 Tcl 文本文件输入 Hypermesh 后，即可自动生成有限元网格模型，如图 4.1-20 所示。

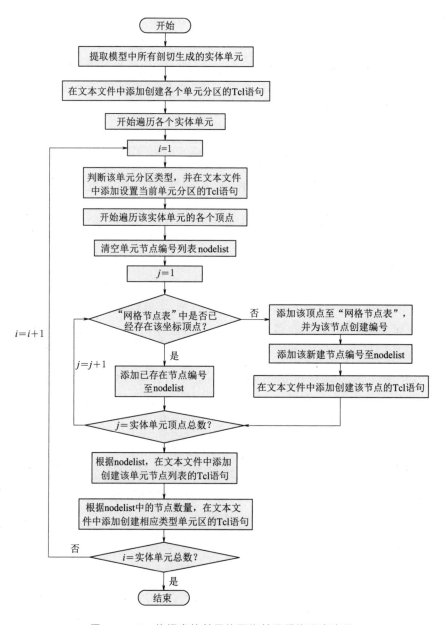

图 4.1-19 依据实体单元的网格单元重构程序流程

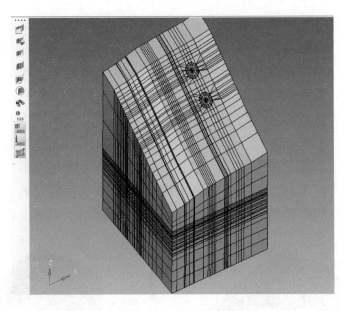

图 4.1 – 20　Hypermesh 中有限元网格单元重构

4.1.2.4　有限元数值仿真计算模型快速生成

在有限元网格单元模型的基础上，再为网格单元赋予相应的材料类型、边界条件和荷载才可生成有限元数值仿真计算模型。

有限元数值仿真计算模型中单元材料类型的赋值可以根据在生成有限元网格单元模型时建立的单元分区来实现，设计者通过为不同名称的单元分区类型设置对应的材料属性信息，并事先将信息存储在数据库中，便可在有限元网格单元模型导入至有限元计算软件后，通过编程读取数据库并自动为不同分区单元赋予相应的材料类型。此方法可大大简化流程，节省时间，快速生成有限元数值仿真计算模型。

有限元数值仿真计算模型中边界条件和荷载的赋值可以依据设计者在进行模型设计时事先存储在数据库中的模型边界条件信息（坐标范围、边界条件类型）和荷载信息（坐标范围、荷载类型和数值），在有限元网格单元模型导入至有限元计算软件后，通过编制软件二次开发程序读取数据库并通过节点坐标搜索，为选出的节点赋予相应的边界条件和荷载。

上述软件二次开发程序需要根据数值仿真分析所采用的有限元计算软件进行定制。下面以 ABAQUS 有限元计算软件为例，介绍对其进行二次开发的一些关键性流程。

（1）材料类型创建及单元材料赋值：①打开 CAE 模型；②创建材料类型（material）；③事先通过编程查找出属于不同材料类型的单元，并将其单元编号，根据材料类型分行进行存储，然后通过 Python 语句读取每一行的单元编号创建单元组，最后给每一个单元组赋予相应的材料。

（2）模型边界条件及荷载设置：①事先通过编程根据节点坐标查找出属于不同边界条件的节点，并将其节点编号根据边界条件类型分行进行存储（各节点编号以逗号隔开），其次通过 Python 语句读取每一行的节点编号，创建节点组，然后给每一个节点组赋予相应的位移条件；②模型荷载设置（即荷载类型与数值）的编程，实现过程与边界条件设置类似；③施加重力。

通过上述流程给图 4.1 - 20 中的有限元网格模型设置材料、边界条件和重力后，计算获得的模型第三主应力和综合位移如图 4.1 - 21 所示。

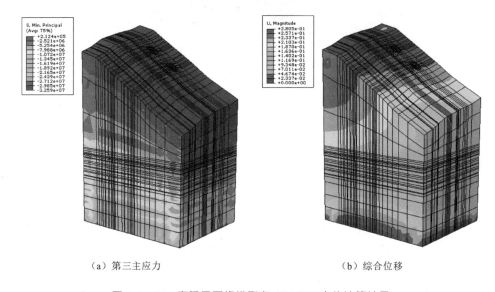

（a）第三主应力 　　　　　　　　　　　　　　（b）综合位移

图 4.1 - 21　有限元网格模型在 ABAQUS 中的计算结果

需要补充说明的是，为了避免考虑有断层时地质体剖切的复杂性，在进行地质体的剖切过程中没有考虑断层的影响，而是在生成网格单元后，通过坐标搜索的方法将与断层相交的网格单元提取出来，并对其材料参数进行一定的弱化。

4.1.2.5　有限元数值仿真计算模型动态调整

在传统的设计分析流程中，CAD 作为主要设计工具，CAD 图形本身没有或极少包含各类 CAE 系统所需的项目模型非几何信息（如材料的物理、力学性能）和外部作用信息。在能够进行计算以前，项目团队必须参照 CAD 图形使用 CAE 系统的前处理功能重新建立 CAE 需要的计算模型和外部作用；在计算完成以后，需要人工根据计算结果用 CAD 调整设计，然后再进行下一次计算。

由于上述过程工作量大、成本过高且容易出错，因此大部分 CAE 系统都被用来对已经确定的设计方案进行事后计算，然后根据计算结果配备相应的建筑、结构和机电系统，故无法确认设计方案的各项指标是否达到了最优效果。也就是说，CAE 作为决策依据的根本作用并没有得到很好地发挥。而 BIM 信息模型包含了一个项目完整的几何、物理、性能等信息，CAE 可以在项目发展的任何阶段从 BIM 模型中自动抽取各种分析、模拟、优化所需要的数据进行计算，因此，项目团队根据计算结果对项目设计方案调整以后又立即可以对新方案进行计算，直到最佳的设计方案产生为止。

因此，在不断地修改 BIM 模型进行 CAE 分析的循环过程中，有限元数值仿真计算边界条件关系到整个处理流程能否流畅进行，是整个设计分析效率提升的关键。需要在有限元数值仿真计算模型快速生成的基础上进行边界条件的动态调整。

当 CAE 的分析结果无法满足工程实际需要时，需要针对计算结果进行分析：

（1）若模型本身设计出现问题，则需要从建模进行修改，根据 4.1.2.3 节的内容重新生成有限元数值仿真计算模型。

（2）若模型的荷载、边界条件、材料分区需要进行调整，无须针对模型本身进行手动调整。由于不同名称的单元分区类型对应的材料属性信息已经被事先存储在数据库中，因此边界条件和荷载的赋值即可依据事先存储在数据库中的模型边界条件信息和荷载信息确定。在将有限元网格单元模型导入至有限元计算软件后，可通过编制软件二次开发程序来读取数据库，并可以节点坐标搜索的方式为选出的节点赋予相应的边界条件和荷载。

因此，操作人员只需针对数据库进行简单修改，即可根据有限元网格单元模型再次自动生成计算模型，实现计算边界条件的动态调整。

4.2 BIM/CAE 集成云分析

4.2.1 基于云服务的海量数据处理

4.2.1.1 水利水电工程 BIM/CAE 数据分类

水利水电工程规模大且布置复杂，开发建设周期长，参与方多，社会、环境影响大，是一个由专业维（即各模型设计专业，包括枢纽、施工、水库、机电、金属结构、环保水保等）、主体维（业主、设计方、施工方、监理方、政府机构、科研单位、材料供应商等）及时间维（即工程全生命周期各个阶段，包括决策期、勘测设计期、施工期、运行期、报废期等）构成的复杂的系统工程。再者，对于任意一个工程项目来说，其全生命周期过程中产生的无非是两种存储结构类型的数据，即结构化数据与非结构化数据。前者指的是基于公开数据标准存储描述、能够采用二维表结构表达且可存储在数据库中的数据，包括信息模型的属性信息以及具有公开数据格式且能够存储在数据库中的信息模型的几何信息；后者指的是不能采用二维表结构来逻辑表达、不能直接存储在数据库中的数据。此外，工程项目全生命周期过程中同一数据也会产生不同的版本，通过版本的记录与控制才能更全面地存储信息，更好地推动项目协同工作的开展。因此，水利水电工程信息模型中信息构成的分类、存储需要体现专业维、主体维、时间维3个维度的集成。

研究信息模型中信息分类的基础工作需要首先确定信息载体的具体形式，这是因为信息分类的目的是更好地进行信息存储，从而能够借助模型实现对信息的全面管理和检索。因此要求通过信息载体及其附属信息的集合能够获得工程的所有信息。根据专业维集成的思想，水利水电工程信息模型是由枢纽信息模型、施工信息模型、水库信息模型、机电信息模型、金属结构信息模型以及环保和水保信息模型等专业信息模型共同构成，而这些专业信息模型又是由一个个构件经过装配生成，因此可以将构件视为水利水电工程信息模型的基本信息载体。

图 4.2-1　构件信息模型包含的 CAE 相关信息

在按照构件作为信息载体的基础上，根据存储信息的内容及其在专业维、主体维、时间维3个维度上的集成要求，水利水电工程构件信息模型与 CAE 相关的 6 个部分分别是模型几何信息、基本属性信息、模型关系信息、几何参数信息、材料属性信息、设计使用信息，如图 4.2-1 所示。

（1）模型几何信息：存储构件模型形状和拓扑关系的几何数据。

（2）基本属性信息：存储构件模型的基本属性，包括模型 ID、模型名称、模型格式、创建时间、创建者、修改时间、修改者、最近访问时间、版本号、存储位置等。

（3）模型关系信息：存储构件模型与其父模型的结构关系，包括父模型编号列表信息。

（4）几何参数信息：存储构件模型的尺寸参数、特征参数。

（5）材料属性信息：存储构件的材料类型、价格、物理性能（如密度、导热性、热膨胀性）和力学参数（如弹性模量、泊松比、黏聚力、内摩擦角、抗压强度、抗拉强度）。

（6）设计使用信息：存储构件设计过程中作为依据、参考的信息，主要包括上游专业提供的设计成果信息，以及配合单位、部门、专业提供的设计参考信息。

4.2.1.2　水利水电工程 BIM/CAE 数据储存

信息的存储与信息的数据结构类型密切相关。从构件信息模型的信息分类来看，可以将分类信息划分为结构化的模型几何信息和模型属性信息，以及非结构化的模型文件、其他文档、图像及视频等信息。

目前信息存储的方式主要有两种：一种是利用关系型数据库，如 MicroSoft SQL Server 或 Oracle；另一种是文档电子仓库，如 MongoDB 数据库。结构化的模型几何信息多存储在数据库中，也可以作为模型文件存储在文档电子仓库里；结构化的模型属性信息采用数据库进行存储；非结构化的模型文件、其他文档、图像及视频等信息一般存储在文档电子仓库中，也可以通过二进制流转换存储在数据库中。

本书根据水利水电工程信息的特点，将存储模型几何数据的结构化模型文件和非结构化模型文件均采用文档电子仓库进行存储，主要出于以下几点考虑：

（1）BIM/CAE 集成技术涉及地质、结构等专业，由于不同的业务需求，采用的设计软件不同，导致设计成果模型格式不尽相同，且多数是非结构化的模型文件。因此，为了统一模型文件的存储方式，便于日后管理和使用，所以考虑将结构化的模型文件也采用文档电子仓库的形式进行存储。

（2）若通过二进制流转换的方式将非结构化文件存储至数据库中，则在文件读取时需要再次进行二进制流转换，将数据存储至硬盘文件中，这样就会延长对数据库的访问时间。当大量用户同时想要读取文件信息时，则会大大增加服务器的负载，同时也增加了其他用户的等待时间。此外，采用文档电子仓库的存储方式也能够使存储变得更加灵活。水利水电工程各参与单位的协作人员都有自己创建的文件，且都需要利用其他人员创建的文件，这种情况下可以在各参与单位的中心数据库中存储文件元数据（包含文件属性和目录属性）。当用户提出文件访问要求时会先访问文件元数据，通过获取其存储路径进而找到其在某台计算机上的存储位置以实现文件的访问。对于个人工作文件则存储在本地计算机上，只有赋予他人权限时才能够访问，加强了个人信息的保密性。对于共享工作文件（如设计完成的专业信息模型），则可以存储在中心服务器上，便于他人共享使用。可以看出，采用文档电子仓库的存储方式能够促进水利水电行业各单位分布式文件存储系统的建立，各个参与人员的计算机既是客户端又是服务器，这样有利于合理利用存储资源，减小中心服务器端的负载，提高系统的整体性能。

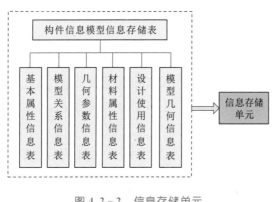

图 4.2-2 信息存储单元

根据以构件信息模型为载体的水利水电工程信息分类标准，可以将构件信息模型的属性信息和模型文件元数据利用如图 4.2-2 所示的信息存储表进行存储。

图 4.2-2 为以构件信息模型为载体的水利水电工程信息存储单元。其中，基本属性信息表和相关信息表分别用于存储模型文件和相关文档的元数据。以模型文件元数据为例，基本属性信息表中存储的信息包括版本号、存储位置等。其中，文件编号与构件信息模型的编号对应，采用全局唯一标识（GUID）进行编码，如 a5c4c7b5-8a47-49c0-b34d-dd5df6af5c48。为了将每个构件信息模型与其信息存储表建立对应关系，便于信息的检索，在信息存储表的名称后面均加上该构件的 GUID，如基本属性信息表 a5c4c7b5-8a47-49c0-b34d-dd5df6af5c48。

由于专业信息模型由构件信息模型构成，构件信息模型所包含的信息存储表的集合可以视为一个专业信息模型的信息存储单元，因此专业信息模型中信息的存储可以基于这些信息存储单元实现，其信息存储结构如图 4.2-3 所示。

图 4.2-3 为以专业信息模型为载体的水利水电工程信息存储单元组。专业信息模型信息存储表由基本属性信息表和模型关系信息表构成，其基本属性信息表与构件信息模型相同，且同样采用 GUID 进行唯一编码。其模型关系信息表存储的是其包含的构件信息模型编号列表以及构件之间的装配约束参数，这样便可以与其包含的信息存储单元建立联

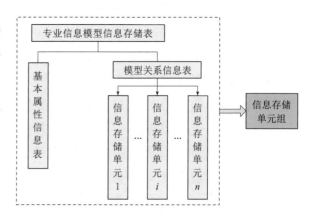

图 4.2-3 信息存储结构

系，实现各个构件信息的访问。如此，专业信息模型的信息存储表及其引用的各个信息存储单元可以视为水利水电工程信息存储单元组。将各个专业设计完成的信息存储单元组进行组合，便生成了水利水电工程信息模型。

4.2.1.3 基于云服务的 BIM/CAE 数据交互

1. 参数化模型数据交互技术

水利水电工程中的信息模型包括基于特征的参数化模型和非参数化模型。对于参数化模型而言，其信息交互技术主要有两种：一种是特征映射技术；另一种是基于特征识别的重构技术。

（1）特征映射技术。特征映射技术的实现要求不同，设计单位在进行基于特征的参数化建模过程中要遵循以下统一、标准化的建模准则：

1）创建特征相同，要求同一模型采用相同的特征进行建模，包括相同的草图特征、形状特征和装配特征。

2）几何参数定义相同，包括相同的几何约束部位以及统一的尺寸参数和装配参数的命名。

3）模型中构件命名相同。

如果按照上述三个条件在不同的设计软件中建立起信息模型的模板库，则只需要从数据库中获取源信息模型的一套尺寸参数和装配参数，然后将其用于更新目标信息模型的尺寸参数和装配参数；同时，由于同样的构件命名，使得源信息模型中的属性信息直接可以作为目标信息模型的属性信息，这样便可获得由源信息模型进行信息转换后的目标信息模型。当源信息模型和目标信息模型互换时也可采用同样的方法实现。

（2）基于特征识别的重构技术。为了完整准确地传输提取的三维模型特征数据，需要对 BIM 系统的三维模型特征信息进行交换，主要包括中间模型的生成、网络传输和重构。基本要求如下：

1）中间模型能够准确、完整、分层地描述三维模型的特征信息。其中，三维模型的特征信息包括属性尺寸信息、轮廓草图信息、参数信息、约束信息、特征名称信息、轮廓图元信息等。

2）中间模型具有良好的文档结构。中间模型应具有能够描述三维模型构建过程信息的文档格式。三维模型的构建过程是一个树形结构，从各个部分开始，逐层构建下面的所有特征。因此，生成的中间模型的文本结构应该有一个与构建过程相对应的树结构来描述生成过程中的历史信息。

3）严格定义中间模型的格式。为了保证生成的中间模型文档信息的有效性和语义一致性，在生成中间模型后，应严格定义文档格式，以保证文档的有效性。

4）中间模型具有良好的网络传输性能。在协同设计中，目前使用最广泛的协同设计是可互操作的，这就要求网络在设计过程中能够同时满足多人对同一数据的上传与下载。因此，在加快网络传输技术的同时，生成的中性文档也需要具备良好的网络传输能力。

5）尽量减少人为干预。为了保证文档信息的严密性，在生成中间模型的过程中应尽量减少人为干预，防止添加非三维模型特征信息的主观信息。

基于特征识别的重构技术的总体思路是：在源信息模型所在 BIM 软件中提取完整的特征信息，完整地记录在中间的模型文件中，然后利用事先写好的程序对目标信息模型所在 BIM 软件进行二次开发，获取中间模型记录的特性信息，创建目标信息模型。该思路也可以理解为利用 BIM 系统平台提供的开发环境，对 BIM 系统进行二次开发，查询特征模型信息，根据一定的数据结构和格式记录模型信息，输出中间模型。同样，利用接收模型信息的 BIM 系统开发环境编写接收程序，打开并处理接收 BIM 系统中的交换文件，根据特征结构历史信息进行重构。其实现原理如图 4.2-4 所示。

图 4.2-4 基于 BIM 软件二次开发的数据交互原理

基于特征识别的重构技术具体实现步骤如下：①提取源信息模型的特征信息。所有基于特征建模的模型都使用特征构造历史树来记录特征建模的全过程，能够很好地描述设计者的设计意图。基于特征参数模型的尺寸驱动也是基于特征来构造历史树，以此来控制模型形状的变化。因此，可以根据模型中提供的特征编制历史树，实现在源信息模型 BIM 软件中读取特征信息和获取特征建模顺序。②中间模型文件的创建。中间模型文件的创建需要满足一些基本条件，比如需要包含完整源信息模型的中间模型文件的特征信息。除了描述特征的关系之外，中间模型文件的文档结构应该具有与 3D 模型构建过程相对应的树结构，且记录了特征建模的顺序等。中性文档（如 XML）能够较好地满足以上要求。XML 的特点是语法规则简单，易于在任何应用程序中读取和写入数据，是唯一的数据交换公共文档。并且 XML 语言描述数据的格式是树结构，其对应于特征建模过程中的结构树，并且可以很好地描述模型的设计意图。之所以使用 XML 数据描述格式，是因为主流 BIM 软件制造商为了保护其知识的独家性和最大的商业利益，并未在 BIM 系统之间打开相应的数据交换接口，各自生成的文件有着自己的专有格式。这给使用不同架构下 BIM 系统进行设计研究的设计人员带来了巨大的挑战，同时也使得在 Internet 技术下信息模型的协同设计难度增大。而使用 XML 作为 3D 模型的数据描述方法能够较好地解决上述问题。③目标信息模型的重构。通过二次开发目标信息模型所在的 BIM 软件，按顺序读取中间模型文件中包含的尺寸信息和特征信息，BIM 软件根据读取的信息针对每个特征进行重建，达到重构目标信息模型的目的。

通过以上步骤，源信息模型的各个构件属性信息与目标信息模型建立起一一映射的关系，并为目标信息模型所用。

2. 非参数化模型数据交互技术

水利水电工程信息模型中存在一些非参数模型（如地质、地形模型），这些模型的建模软件往往与参数化模型不同。为了实现水利水电工程各领域信息模型的集成，有必要解决非参数模型与参数模型之间的信息交互问题。

非参数模型与参数模型之间的交互包含两个方面：一是信息模型的几何数据；二是信息模型的属性信息。因此，在实现两种信息模型的几何数据交互的同时，必须保证属性信息的正确传输。

在水利水电工程中非参数化模型的存储格式文件一般不开放，不能直接读取和解析来生成中间文件。因此，可以利用建立该模型的 BIM 软件将其转换成中间模型文件。同时，中间模型文件应具备以下要求：

（1）中间模型文件要求具有通用的格式。通用格式既能够由源信息模型 BIM 软件创建，又能够被目标信息模型 BIM 软件读取，并在自己的 BIM 环境中完成重建。

（2）中间模型文件要求能够记录源信息模型中各个构件信息模型的名称。该要求使得目标信息模型在重建以后，其包含的各个构件信息模型还能够与源信息模型中的各构件信息模型相对应，从而实现构件信息模型中属性信息的传递。由源信息模型 BIM 软件自动创建的中间模型文件，由于受到其特定存储格式的限制，一般不会存储各个构件的名称信息，因此需要编程控制中间模型文件的转换过程，以实现非参数化模型的信息交互，具体步骤如下：

1）对建立源信息模型的 BIM 软件进行二次开发，并根据中间模型文件格式批量导出各组件模型文件。导出时识别每个组件模型的名称（通过识别组件模型的编号），可以在数据库中找到名称信息，还可以通过识别组件模型所在层的名称来确定，并且可以直接使用对应 BIM 软件来识别组件模型的名称，为每个保存的中间模型文件命名。因此，由中间模型文件名称即可记录各个信息模型构件的名称。

2）对建立目标信息模型的 BIM 软件进行二次开发，批量导入各个中间模型文件并读取，以重建出各个目标构件信息模型，按照中间模型文件的文件名为各个构件信息模型进行命名。

这样，源信息模型的几何信息顺利传递给目标信息模型，同时，源信息模型的属性信息也可以被目标信息模型利用。

4.2.2 基于云服务的 BIM/CAE 集成分析

4.2.2.1 集成分析要求

1. BIM 模型要求

（1）模型精度要求。应用 BIM/CAE 的 BIM 模型由于交付方式和设计阶段不同，交付精度、内容、流程、提交与审核的标准均有所不同。随着阶段的深入，BIM 交付精度逐渐提升。以水利水电工程为例，水利水电工程信息模型精细度通常分为五个等级，即 LOD100～LOD500，可对应工程预可研、初设、技施、施工、运行维护等阶段。

（2）模型检查要求。

1）模型完整性检查。检查 BIM 模型中应包含的模型、构件等内容是否完整，BIM 模型所包含的内容及深度是否符合交付等级要求。模型拆分可根据对模型拆分管理的规定按照各单项工程、专业、区域进行。

2）建模规范性检查。检查 BIM 模型的命名、颜色、属性、模型精度是否符合建模规范，如 BIM 模型的建模方法是否合理，模型构件及参数间的关联性是否正确，模型构件间的空间关系是否正确，语义属性信息是否完整，交付格式及版本是否正确等。

3）设计指标、规范检查。检查 BIM 模型中的具体设计内容、设计参数是否符合项目设计要求，是否符合 BIM 标准规范设计要求，如 BIM 模型及构件的几何尺寸、空间位置、类型规格等是否符合合同及规范要求。

4）模型协调性检查。检查 BIM 模型中模型及构件是否具有良好的协调关系，如专业内部及专业间模型是否存在直接的冲突，安全空间、操作空间是否合理等。

2. CAE 分析及云服务要求

（1）CAE 分析要求。

1）前处理。应利用 BIM 的实体建模与参数化建模，依次进行构件的布尔运算、单元自动剖分、节点自动编号与节点参数自动生成、载荷与材料参数直接输入或由公式参数化导入、节点载荷自动生成、有限元模型信息自动生成。

2）有限元分析。提取 BIM 模型的相关材料力学属性信息及构件尺寸数据信息，利用有限元单元库，材料库及相关算法，约束处理算法，有限元系统组装模块，静力、动力、振动、线性与非线性解法库，结合大型通用体的物理、力学和数学特征，将 BIM 整体 CAE 分析分解成若干个子问题，由不同的有限元分析子系统完成。一般有如下子系统：线性静力分析子系统、动力分析子系统、振动模态分析子系统、热分析子系统等。

3）后处理。根据工程或产品模型与设计要求，对有限元分析结果进行用户所要求的加工、检查，并以图形方式将 CAE 分析处理后的结果与对应 BIM 的阶段和构件关联绑定，随 BIM 模型一同提供给用户，辅助用户通过查看带有 CAE 分析结果的 BIM 模型判定计算结果与设计方案的合理性。

（2）云服务要求。

1）BIM 模型与数据处理要求。云服务应满足 BIM 不同来源、不同尺度、不同格式的模型构件进行快速存储、导出以及可视化渲染的要求，同时应满足对 BIM 附带的数据、图纸、文档等结构化、半结构化或非结构化的信息进行快速读取、传输、存储的要求，方便对 BIM 模型进行参数化调整和简化以满足 CAE 分析的要求。

2）CAE 剖分与计算要求。云服务应具有强大的计算能力，对于大型工程或需要携带大范围地基的 CAE 模型要能够进行快速的自动化剖分，同时要保证 CAE 分析中的有限元计算效率，达到 BIM 模型形态与 CAE 分析及时互动反馈优化的要求。

3）用户使用要求。云服务应区别于以往的 SAAS 模式，应有独立的用户操作页面，方便用户直观地运用云服务进行 BIM 模型查看、CAE 参数查询、CAE 分析结果查看等相关操作，有利于对 BIM/CAE 集成分析进行全过程监控和及时纠偏，保证 BIM/CAE 分析结果的高可靠度。云服务系统框架如图 4.2-5 所示。

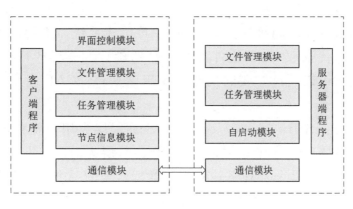

图 4.2-5 云服务系统框架

4.2.2.2　集成分析方式

1. BIM 模型云端轻量化预处理

（1）几何信息轻量化预处理。BIM 模型几何信息轻量化预处理主要从几何转换与渲染处理两个方面进行。利用参数化几何描述的简化，结合相似图元合并将模型数据进行轻量化处理；通过宏观遮挡剔除、多线程调度、动态磁盘交换、首帧渲染优化操作，将具有相同状态的物体合并到一次绘制调用中进行批次绘制调用，并运用 LOD 加载实现提升渲染效果和速度。

（2）非几何信息轻量化预处理。对于 BIM 非几何信息，如进度信息、合同信息、质量信息等与 CAE 分析计算无关的信息，要进行无关信息过滤和剔除，只保留材料力学性质、构件属性信息、构件尺寸信息等 CAE 计算所必需的非几何信息，以此来简化 BIM 模型，使之满足 CAE 分析的要求。

2. BIM/CAE "无缝" 对接

（1）几何模型对接。经过轻量化预处理的 BIM 几何模型，转化为普遍通用的 IFC 格式文件，进而通过二次转换导入 ABAQUS、ANSYS 等有限元分析商业软件中，能够在商业软件中进行有线元剖分等相关操作。

（2）数据信息对接。针对不同的有限元分析商业软件，在云端建立对应的 BIM 参数化及相关的属性信息接口，将 CAE 分析所必需的数据通过对应接口直接传输到有限元分析商业软件中，进而提取利用。

（3）CAE 分析结果对接。BIM/CAE 有限元分析后的结果直接上传至云端服务器，并储存于数据中心，与对应版本的 BIM 模型绑定。用户可以根据 CAE 分析结果对 BIM 模型的几何结构和属性等信息进行优化调整，形成 BIM/CAE 反馈优化机制，不断对设计结果进行优化调整，最终得到最优的设计方案。

3. 集成 CAE 分析计算

建立基于云计算和超级计算平台的 CAE 集成系统，主要目的在于让专业设计人员可以择优选取 CAE 软件进行产品的设计、分析计算实验和仿真等，并且让设计人员可以通过互联网快捷地使用该平台。CAE 基层系统框架如图 4.2－6 所示。

软件即服务（Software as a service，Saas）层为用户提供基本的软件使用。平台即服务（Platform as a service，Paas）层为用户提供安全登录、身份认证。中间件系统是为复杂业务流程提供数据转换的一个转换系统，而是否启用复杂业务流程系统在于用户是否需要使用不同的 CAE 软件。基础设施即服务（Infrastructure as a service，Iaas）层提供最基本的硬件和系统支持，根据

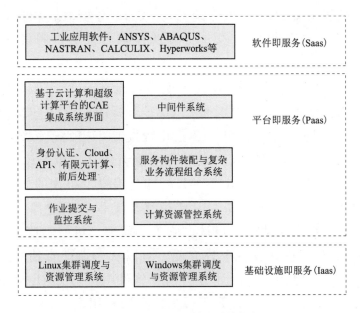

图 4.2-6 CAE 基层系统框架

用户所选软件版本选择不同的操作系统进行作业，其主要流程如下：

（1）数据的前、后处理。有限元求解流程中，前处理是产生一个有限元模型几何体的全过程，可以在前处理时输入物理特性、描述边界条件和载荷对模型进行修正，该操作将直接影响整个作业的实施效果，其主要流程包括：导入模型、设置参数、前处理结果的导出、网格划分、载荷的施加等。网格的划分直接影响计算结果。后处理可将计算结果以粒子流迹、梯度、彩色等值线、立体切片、矢量、透明及半透明等图形方式显示，也可将计算结果以图表、曲线形式显示或输出。

（2）CAE 软件的求解器应用。该应用流程主要是生成作业、作业提交、作业执行、作业监控、结果生成。各种求解器的求解方法不同，但都是接收前处理后的文件，生成数学模型，通过 I/O 读取矩阵文件，调用函数对矩阵进行预处理，预处理后再进行求解。求解方法主要是直接法和迭代法两种。

（3）CAE 软件的数据转换。为了使不同的 CAE 软件之间进行沟通，实现数据共享，利用不同 CAE 软件的优势，提高作业效率和资源的利用率，使用中间格式 iges 和 step 进行数据文件转换，不会受软件类别和版本的限制，有较强的通用性。

4.2.2.3 集成分析特点

（1）BIM 处理效率高。由于利用云服务器，使得 BIM 建立、处理、存储等过程都在云端服务器进行，与传统 CAD/CAE 分析方式相比，在模型数据处理性能、可视化渲染性能等多方面都具有明显优势，BIM 处理效率大大提高。

（2）几何模型利用率高。BIM 几何模型首先在 BIM 云服务端进行几何数据存储和可视化渲染展示，同时又根据 CAE 分析的要求对 BIM 几何模型进行轻量化处理，由于 BIM 几何模型的参数化程度高，相比于传统 CAD/CAE 分析方式，无需对几何模型进行较大改动甚至重新建立三维 CAE 模型，大大提高了几何模型的利用率，为 BIM、CAE 一体化提供了很大的便利。

（3）BIM 数据信息利用率高。BIM 信息在工程的全过程各个阶段都会不断地补充或修改，在方便业主、设计、施工、监理、机械制造等多方协同办公的同时，对于 CAE 分析计算也十分方便，可以从云端任意抽取某一阶段的相关属性、尺寸等信息对接到有限元分析计算软件中进行 CAE 分析计算，减少了数据重复录入的时间，大大提升了数据信息的利用率。

（4）有限元分析计算速度快。利用云端强大的超级计算能力，高性能并行运算，使得有限元分析计算的速度大大提高。伴随着 5G 技术的发展，模型、属性等信息更改后及时输出结果将不再是空谈，这将极大地提升 CAE 分析反馈的及时性，节省 CAE 分析计算的时间成本。

（5）BIM、CAE 分析双向优化反馈。BIM 模型信息的实时更新性以及工程数据信息的丰富性、完整性使得 BIM 与 CAE 实现完美对接。相比于传统的 CAD/CAE 分析，CAE 可以在项目发展的任何阶段从 BIM 模型中自动抽取各种分析、模拟、优化所需要的数据进行计算，项目团队根据计算结果对项目设计方案调整以后又立即可以对新方案进行计算，直到满意的设计方案产生为止。融入云计算和云服务平台后，计算和处理效率大大提升，BIM 与 CAE 双向优化反馈机制的运行更加顺畅协调，这使得设计、施工等各方的方案更容易得到数值分析计算的验证，最终使得工程方案更加完善、合理。

（6）BIM/CAE 分析的全过程可追溯。利用云服务器数据中心强大的存储能力，对不同版本不同阶段的 BIM 模型、数据等工程信息以及对应的 CAE 分析结果进行存储备份，使得工程全生命周期的 BIM 和 CAE 数据都能做到可追溯，保证了工程数据的完整性。

4.2.3　基于云服务的 BIM/CAE 全尺度数值仿真技术

4.2.3.1　必要性与技术基础

基于云服务的 BIM/CAE 大规模精细化和全尺度数值模拟分析方法，分别针对不同工程类型和三维实体工程进行了大规模精细化和全尺寸建模，研究了动力荷载作用下三维坝体损伤断裂机理。同时，结合云服务的超级计算能力检验了水利水电工程在极端动力荷载作用下的安全性。

水利水电工程有时会建设在地质条件复杂和地震频繁发生的区域。此类区域除了覆盖层、岩层、断层等大尺度地质构造，还分布有数量巨大的岩体裂隙，直接影响水利水电工程的基础安全与抵抗地震灾害的能力，因此在水利水电工程地质分析中，必须同时考虑全尺度三维地质构造和不同水工建筑物的分布情况。随着计算机技术的发展和工程设计水平的提高，三维大规模精细化和全尺度建模技术已成为水利水电工程数值仿真中迫切需要攻破的难题。由于地质构造在形成与发展过程中受到多种地质作用的影响，其位置与几何形态、属性、空间关系十分复杂，而且由于现阶段地质勘测技术的限制和水工建筑物空间布置的离散化，给水利水电工程大规模精细化和全尺度建模带来了挑战。针对水利水电工程大规模精细化和全尺度建模中的不确定性因素，采取 BIM/CAE 集成分析方法，通过 BIM 云平台结合 NURBS 理论建模的方法建立大规模精细化和全尺度数值模型，并对模型进行数值模拟分析。所涉及的相关技术基础有 NURBS 建模理论、基于三维设计的集成化分析、基于云服务的数据处理、基于云服务的集成分析。

基于云服务的海量数据处理。水利水电工程中的信息模型包括基于特征的参数化模型以及非参数化模型。对于参数化模型而言，信息交互技术主要有两种：一种是特征映射技术；另一种是基于特征识别的重构技术。水利水电工程信息模型中存在一些非参数化模型（如地形、地质模型），这些模型的建模软件与参数化模型往往不同，为实现信息模型在水利水电工程各专业的集成，必须解决非参数化模型与参数化模型之间的信息交互问题，使得源信息模型的几何数据顺利传递给目标信息模型，同时源信息模型的属性信息也可以为目标信息模型所利用。

基于云服务的 BIM/CAE 集成分析。通过 BIM 模型云端轻量化预处理，实现 BIM/CAE"无缝"对接，包括几何模型对接、数据信息对接、CAE 分析结果对接，基于云计算和超级计算平台的 CAE 集成系统，主要目的在于让工业设计人员可以选择最优的 CAE 软件进行作业，择优选取 CAE 软件进行工业产品的设计、疲劳分析计算实验和仿真等，并且让设计人员可以通过互联网快捷地使用该平台。

三维设计是一种直接从三维概念开始的设计过程。从狭义上讲，三维设计可以分为三维构形设计和工程图输出两个阶段。两个阶段的视图是完全相关的，当三维构形设计修改后，工程图输出阶段则可以及时输出相应的工程图，从而保持设计成果在各种设计环境中的一致性，提高设计效率和正确率。从广义的角度来看，三维设计并不只是简单的一个设计过程或者设计方案的三维可视化展示，而是应将整个三维设计的概念融入整个设计的全生命周期中。因此，基于三维设计成果而衍生出的 CAD/CAE 集成化分析技术、BIM/CAM 集成化制造技术、并行协同技术、智能化专家系统技术等功能是一套完整的三维设计技术的重要组成部分。

基于三维设计过程，用户能够交叉并行完成整个设计过程，而在完成一次设计之后能够快速地对设计成果进行 CAE 分析，从而为设计初步修改提供及时和准确的依据。而智能化技术的运用则可以提高整个设计行业的设计水平。CAD/CAE 集成化是指利用 CAD 进行产品的几何实体建模为 CAE 所用；利用 CAE 对产品的几何实体模型进行性能分析、强度分析、运动学分析、动力学分析、性能结构优化等方面的数值模拟计算，其间根据 CAE 计算结果不断利用 CAD 修改几何实体模型，最终确定出符合性能、经济性等要求的最优化的合格产品。BIM/CAE 集成化分析实质就是设计数据的统一。

4.2.3.2 三维全尺度数值仿真系统

1. 系统主要功能

三维全尺度数值仿真系统功能主要包括：结构安全与进度耦合动态仿真分析、结构安全与进度耦合动态可视化两大部分。

（1）结构安全与进度耦合动态仿真分析。结构安全与施工进度是水利水电工程施工中两个相互影响、相互制约的重要方面。施工过程结构安全与进度耦合动态仿真可用于不同施工方案下施工过程结构安全的动态仿真分析，在满足施工过程结构安全的前提下进行施工进度仿真分析，以确定最终的由浇筑进度计划、浇筑层厚度、间歇期、温控措施等组成的施工组合方案；同时，在实际施工过程中，若出现结构安全或施工进度不满足要求的情况，可以快速进行后续施工调整方案下的结构安全与进度耦合动态仿真，以确定合理的施工调整方案。

（2）结构安全与进度耦合动态可视化。水利水电工程在施工过程中，其外部宏观施工进度面貌（状态）不断更新的同时，其内部细观结构安全状态也在不断发展变化。系统通过可视化技术将其结构安全与进度耦合动态仿真相关的输入数据、过程数据和输出数据，以三维动态可视化信息模型为显示载体，实现其结构安全与进度状态、信息的耦合动态可视化。

2. 系统主要实现

系统开发采用 C#.Net 为窗体应用程序编程语言，APDL 为数值仿真计算程序开发语言，VTK 为可视化编程工具。其中，三维全尺度施工过程结构安全与进度耦合动态仿真子系统中包括两个仿真计算程序：①结构安全仿真计算程序，基于 ANSYS 有限元分析软件平台，采用 APDL 二次开发实现；②施工进度仿真预测计算程序基于 SPSS 仿真技术，采用 C♯.Net 编程实现。结构安全与进度状态耦合动态可视化子系统采用 C♯.Net 和 VTK 编程开发实现。

（1）结构安全与进度状态耦合动态仿真温度场计算程序。结构安全仿真计算程序包括温度场和温度应力仿真计算两大部分。温度场计算程序主要包括数据读入及程序初始化模块、模型单元激活模块、坝段浇筑层分块模块、单元生热率分块分层更新模块、模型边界条件更新模块等。其实现步骤如下，相应流程如图 4.2-7 所示。

1）数据读入及程序初始化。采用 *VREAD 函数分别读取施工进度数据文件和模型数据文件中的施工进度数据、施工浇筑方案数据、模型数据，并存储在相应名称的数组中，初始化累计计算参数和标识参数，初始化有限元数值仿真模型。为加快计算效率，事先将大坝各坝段坝体单元和基岩单元全部除去，然后随着坝段开始浇筑，仅激活当前浇筑坝段坝体和基岩单元以及相邻坝段基岩单元。

2）温度场计算。以 1 天为 1 个计算步，开始大坝施工工期内 $T=1$ 时的温度场计算。

3）施工进度状态到数值仿真模型的映射。循环每一个单元工程：首先根据当天的施工进度数据，判断需要激活的数值仿真模型单元，由于不同的施工组合方案下的混凝土单元会产生不同的生热率变化规律，为实现各浇筑层单元的生热率的循环更新，将各浇筑层按照其施工浇筑方案属性进行分块；然后通过循环各个分块中的每一个浇筑层进行单元生热率的更新，待循环完成所有坝段单元的更新后，进入第 4）步。

4）施工条件到数值仿真模型的映射。循环每一个单元工程：根据当前数值仿真模型模拟的施工进度面貌，为各主体工程、基岩单元施加第三类边界条件和第一类边界条件。待循环完成所有坝段，则根据当前已激活的数值仿真模型范围，施加已经激活的基岩 4 个侧面和底面的绝热边界条件。

5）进行 ANSYS 温度场计算的参数设置，并开始本次温度场计算。

6）待计算完成，删除当前数值仿真模型单元的所有边界条件。

7）更新计算步 $T=T+1$，并判断是否完成整个施工工期的数值仿真计算，是则程序终止，否则返回第 3）步。

（2）结构安全与进度状态耦合动态仿真温度应力计算程序。温度应力计算

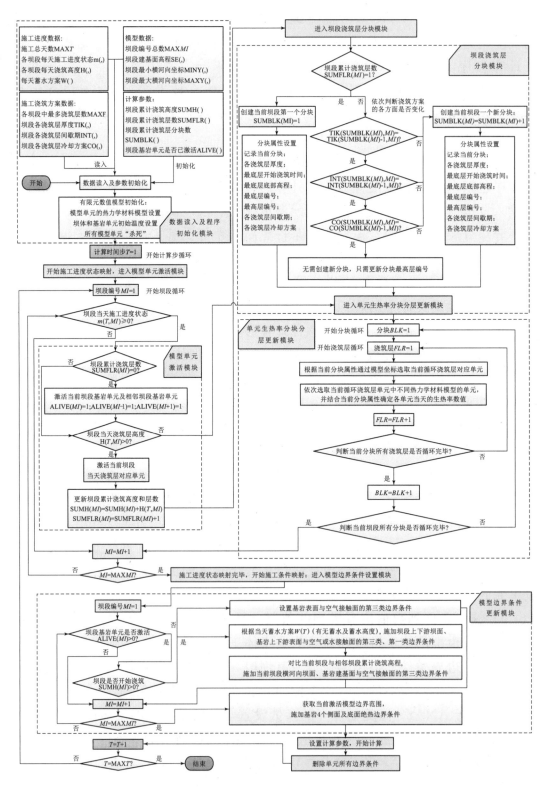

图 4.2-7 三维全尺度施工过程温度场计算程序流程

采用间接法进行实现，即将温度场仿真计算求得的节点温度作为节点体荷载应用于温度应力仿真计算中。温度应力计算程序与温度场计算程序算法流程的框架基本一致，程序流程如图 4.2-8 所示，其具体实现步骤如下：

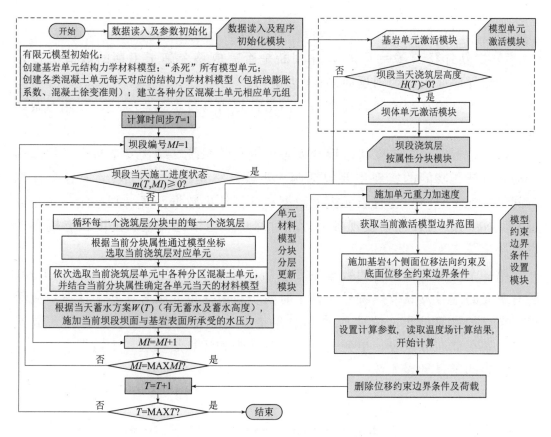

图 4.2-8　三维全尺度施工过程温度应力计算程序流程

1）首先同样进行数据读入与参数初始化；然后初始化有限元数值仿真模型，由于需要考虑混凝土徐变，因此需要事先创建各类混凝土单元各阶段对应的结构力学材料模型。

2）温度应力场计算。以 1 天为 1 个计算步，开始施工工期内 $T=1$ 时的温度应力场计算。

3）施工进度状态到数值仿真模型的映射。此时需循环每一个坝段：首先根据当天的施工进度数据，判断需要激活的数值仿真模型单元，由于不同的施工组合方案下的混凝土单元会产生不同的结构力学材料变化规律，同样需要将各浇筑层按照其施工浇筑方案属性进行分块；然后通过循环各个分块中的每一个浇筑层进行单元结构力学材料模型的更新，待循环完成所有坝段单元的更新后，进入第 4）步。

4）施工条件到数值仿真模型的映射。根据当前已激活的数值仿真模型范围，施加已经激活的基岩4个侧面的法向位移约束边界条件和底面位移全约束边界条件。

5）进行应力计算参数设置，读取温度场计算结果，开始应力计算。

6）待计算完成，删除当前数值仿真模型单元的所有边界条件及荷载。

7）更新计算步 $T = T + 1$，并判断是否完成整个施工工期的数值仿真计算，是则程序终止，否则返回第3）步。

施工进度仿真预测计算程序基于网络计划仿真技术编程实现，在此不做详细介绍。

（3）结构安全与进度状态耦合动态可视化子系统。结构安全与进度状态耦合动态可视化功能的实现主要包括两大步骤：一是通过 APDL 读取各个计算时间步（施工时间）的有限元模型数据和计算结果数据并录入数据库；二是通过 C#.Net 和 VTK 编程实现各个计算时间步模型结构安全和进度状态耦合动态可视化。

第一个步骤需要读取的数据主要包括：模型中所有节点的编号及其坐标、所有单元的编号及其节点编号、各个时间步新激活单元编号、各个计算步激活单元节点的计算结果。读取后的数据存储在文本文件中，然后自动导入数据库，分别存储在节点表、单元表、单元改变表和计算结果表4个数据表中，各个数据表的信息见表4.2-1。

表 4.2-1　　　　数值仿真模型及计算结果数据录入关键代码

录入数据	数据录入关键代码示例	录入数据表字段示例
模型所有节点数据	* VGET, xyz (1, 1), NODE, LOC, X * VGET, nodes (1), NODE, NLIST	NodeID, X, Y, Z
模型所有单元数据	* VGET, nodelist (1, 1), ELEM, NODE, 1 * VGET, mats (1), ELEM, ATTR, MAT * VGET, elems (1), ELEM, ELIST	ElementID, N1, N2, N3, N4, N5, N6, N7, N8, MAT
各时间步新激活单元数据	CMSEL, S, elive%t% CMSEL, U, elive%t-1% * VGET, aliveelems (1), ELEM, ELIST	ElementID, Step
各时间步激活节点结果	CMSEL, S, elive%t% * VGET, nodeTemp (1), NODE, TEMP * VGET, nodeS1 (1), NODE, S, 1 * VGET, nodeU (1), NODE, U, SUM * VGET, nodes (1), NODE, NLIST	NodeID, Step, Temp, S1, USUM

第二个步骤主要是运用 VTK 可视化流水线实现。根据 VTK 可视化流水线可以实现结构安全与进度状态耦合动态可视化，具体流程如下：

1）进行时间步 $T=1$，开始可视化。

2）采用 vtkPoints 类、vtkHexahedron 类依次存储从数据库中获取的各个时间步的节点数据、单元数据，进而采用 vtkUnstructuredGrid 类生成各个时间步的整体可视化模型；采用 vtkFloatArray 类存储各个节点对应的仿真计算结果数据。

3）采用 vtkDataSetMapper 类同时将可视化模型映射成图像模型，将节点计算结果数据映射成不同颜色进行显示。

4）进行时间步 $T=T+\Delta T$，判断是否达到最终时间，是则终止程序，否则返回第 2）步。

4.2.3.3　工程应用示例

1. 大规模精细化和全尺度数值模型

图 4.2-9～图 4.2-12 分别为重力坝整体三维 CAD 实体模型、重力坝精细化和全尺度 CAE 离散模型、重力坝基岩局部精细放大离散模型、重力坝精细放大离散模型。由于构建的大规模精细化和全尺寸数值模型包含精确的数据（如大小、位置、方向等），可以进行详细的分析和仿真，进而达到 LOD300 的级别。

重力坝三维整体有限元计算模型信息列于表 4.2-2 中。

表 4.2-2　　　　　　　　重力坝三维整体有限元计算模型信息表

模　型　部　位		单元数/个	节点数/个
整体模型	坝体部分	186430	240950
	地基部分	233055	216250
	总和	419485	457200

2. 重力坝整体大规模全尺度有限元分析

（1）基于 ABAQUS 的重力坝溢流段动力分析和试验结果对比。考虑大坝混凝土材料和地基岩体的非线性，对某重力坝溢流坝段进行非线性损伤断裂分析，考察溢流坝段在地震作用下可能发生的屈服损伤开裂的型式。结合大型振动台试验对计算结果进行验证，并讨论了钢筋对混凝土损伤开裂状态的影响。图 4.2-13 为溢流坝段精细全尺度有限元模型。

（2）地震超载非线性损伤断裂分析。考虑大坝混凝土材料和地基岩体的非

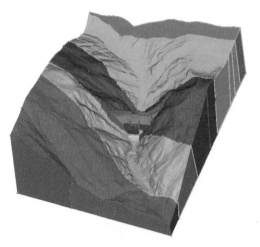

图 4.2-9　重力坝整体三维
CAD 实体模型

图 4.2-10　重力坝精细化和
全尺度 CAE 离散模型

（a）模型 1

（b）模型 2

图 4.2-11　重力坝基岩局部精细放大离散模型

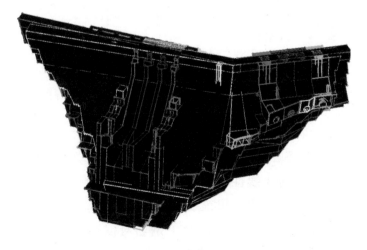

（a）坝体

图 4.2-12（一）　重力坝精细放大离散模型

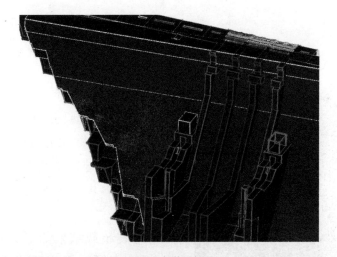

（b）坝体局部1

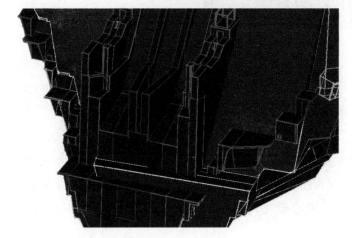

（c）坝体局部2

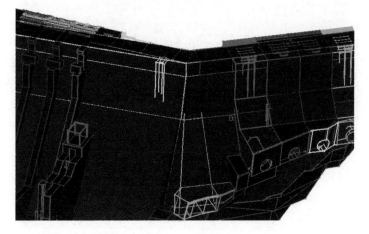

（d）坝体局部3

图 4.2-12（二）　重力坝精细放大离散模型

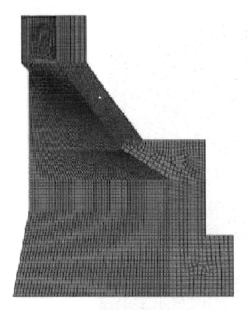

图 4.2-13 溢流坝段精细全尺度
有限元模型

线性，对某重力坝进行非线性损伤断裂分析，考察大坝在不同强度地震作用下可能发生的屈服损伤状况。计算分析的基本条件为：正常蓄水位、无质量地基和混凝土材料损伤与地基岩体的弹塑性。对于地基岩体，以 Drucker - Prager 准则模拟岩体材料的弹塑性性质。计算模型采用重力坝大规模精细化和全尺度数值模型。

地震超载结果如下：

1）不同地震超载倍数时下游面损伤因子分布如图 4.2-14 所示。

2）不同地震超载倍数时上游面损伤因子分布如图 4.2-15 所示。

3）三种工况的上游面损伤因子分布如图 4.2-16 所示。

4）三种工况的下游面损伤因子分布如图 4.2-17 所示。

通过比较工况 1 和工况 5 可知混凝土抗拉强度按照《水电工程水工建筑物抗震设计规范》（NB/T 35047—2015）规定的 1.2 倍提高后对大坝地震损伤的影响。通过对比工况 5 和工况 6 可分析大坝横缝的存在对坝体地震损伤的影响。

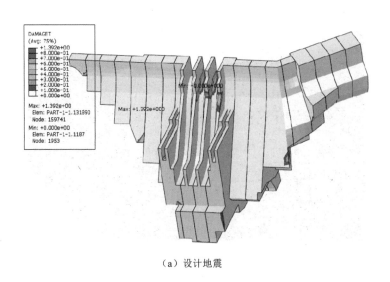

（a）设计地震

图 4.2-14（一） 不同地震超载倍数时下游面损伤因子分布图

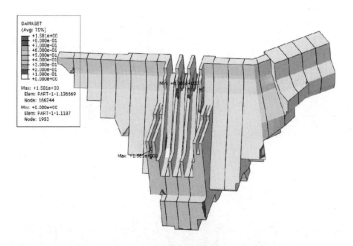

（b）校核地震

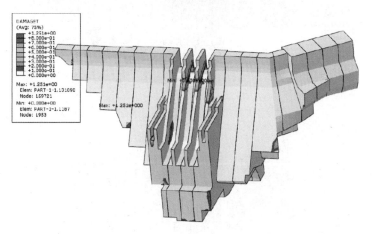

（c）1.3倍设计地震

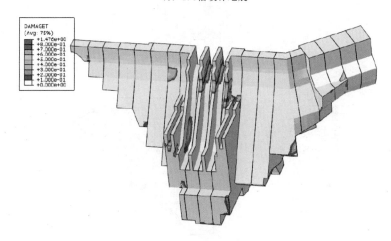

（d）1.5倍设计地震

图 4.2-14（二）　不同地震超载倍数时下游面损伤因子分布图

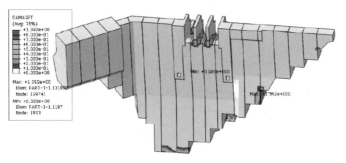

（a）设计地震

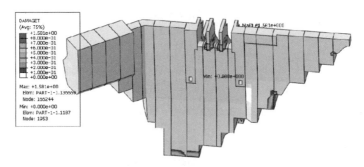

（b）校核地震

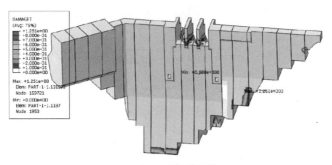

（c）1.3倍设计地震

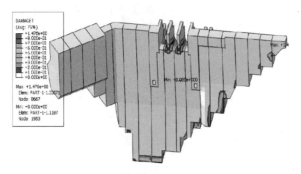

（d）1.5倍设计地震

图 4.2-15　不同地震超载倍数时上游面损伤因子分布图

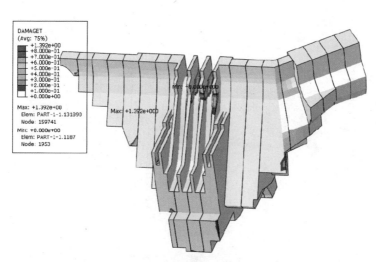

（a）工况 1（有横缝，f_t=2.34MPa）

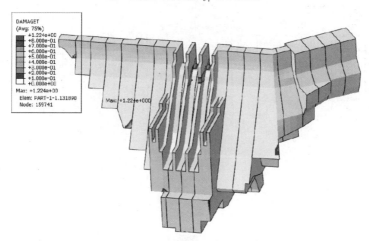

（b）工况 5（有横缝，f_t=2.808MPa）

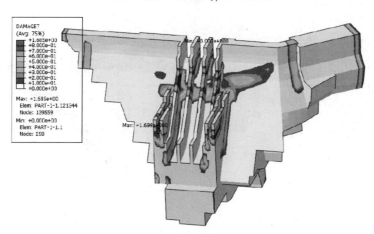

（c）工况 6（整体无横缝，f_t=2.808MPa）

图 4.2-16　三种工况的上游面损伤因子分布图

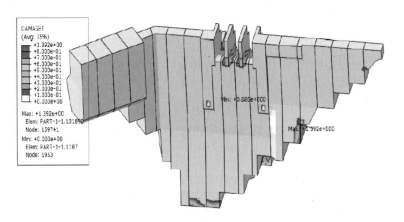

（a）工况 1（有横缝，f_t=2.808MPa）

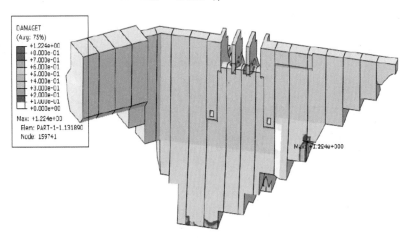

（b）工况 5（有横缝，f_t=2.808MPa）

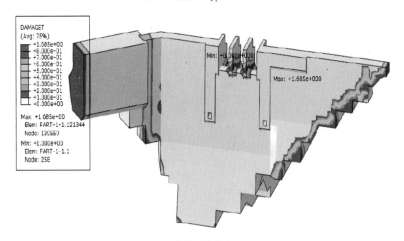

（c）工况 6（整体无横缝，f_t=2.808MPa）

图 4.2 - 17　三种工况的下游面损伤因子分布图

混凝土抗拉强度按照动参数标准提高以后，坝体的抗裂能力得到提高，由各坝段损伤情况的对比可见，损伤区域明显减小，损伤程度得到显著缓解。坝段间的横缝在一定程度上起到释放约束的作用，强震作用下，各坝段的地震响应可以不受相邻坝段的牵制，因此能有效缓解坝体的应力状况。从损伤区分布对比可以明显看到，如果不考虑横缝的作用，坝体中上部损伤会比较严重。尤其是大坝下游面中上部区域，由于闸墩、导墙等结构刚度较弱，发生震损的风险较大。必须采取相应的抗震加固措施，提高抗震安全度。

（3）工程应用特点总结。

1）大规模精细化和全尺度数值模型。针对某水电工程地质构造和三维水工建筑物的特点，基于确定的地质数据，引入水电工程地质构造和水工建筑物大规模精细化和全尺度建模方法，研究了面向水电工程的工程地质混合数据结构，地质构造曲面、地质体和不同坝型的 NURBS 构造技术，建立了某水电工程三维地质和水工建筑物大规模精细化和全尺度模型。基于三维设计成果而衍生出的 BIM/CAE 集成化分析技术、BIM/CAM 集成化制造技术、并行协同技术、智能化专家系统技术等，实现了大规模精细化和全尺度数值模型的分析。此外，作为 BIM 与 CAE 模块的中间处理软件，专业级剖分网格程序 Hypermesh 前处理平台不仅可以输出各种有限元格式，而且还与多种 BIM 软件有完善的接口。同时，借用其强大的模型处理及网格剖分功能，对 BIM 中模型进行必要的处理，如细部简化，容差调整，体、面间连接修正等，使其能够满足有限元网格剖分要求。模型完成剖分后可以导入 ABAQUS 中进行分析，实现某水电工程大规模精细化和全尺度数值模拟分析。

2）基于云服务、大规模精细化和全尺度数值模拟分析相结合的溢流坝段抗震性能研究。基于云服务结合大规模精细化和全尺度数值分析的创新性研究方法，研究了有无配筋对溢流坝段抗震性能的影响。利用云服务数据读取和传输的高效性以及云服务的超级计算能力，充分体现云服务的软硬件性能，对溢流坝段抗震性能进行高效研究，极大地缩小了时间成本，真正实现全尺度仿真。计算分析结果说明，在高震级下，抗震配筋能够起到保持坝体整体性的作用，对于提高坝体承载力有一定帮助。从损伤区域来看，有抗震配筋坝段损伤区域稍大，损伤值较小，特别是在震级较高时，能够明显对比出配筋坝段损伤区域分散化，损伤峰值相对较小。这说明抗震配筋对于提高坝体抗震能力是行之有效的。实际配筋时需要考虑大坝结构的实际情况，对比破坏损伤部位，适当在薄弱部位选用预应力钢筋等进行加固，能够提高溢流坝段的抗震性能。

3）超强地震波作用下某重力坝损伤机理研究及评价。基于三维大规模精细化和全尺度数值建模技术，建立了大坝-地基-库水相互耦合的大规模精细化和全尺度数值模型，依托 ABAQUS 有限元软件开发了能够分析坝体在地震作用下的非线性接触单元，研究了超强地震波作用下某水电站的损伤机理。结果表明，大坝横缝的工作性态对大坝受力状态有一定影响，表现为无缝大坝坝段之间的互相约束和牵制有共同抵抗荷载的作用，从而提高了坝体的整体性作用。横缝或诱导缝对于地震过程中释放坝段间的拉应力约束可能有一定效果，因此，适当设置横缝对于提高大坝上部抗拉强度有一定作用。

第 5 章

水利水电工程 BIM/CAE 动态反馈优化

5.1 基于 BIM/CAE 集成分析的优化设计

5.1.1 水利水电工程优化设计

1. 结构优化设计理论与类型

（1）优化设计理论。优化设计是使设计的工程在满足一定的约束条件下，为达到某一特定的预期目标从而选定各项设计参数构成整体的设计方案。其核心思想是按照设计要求，将设计过程中涉及的变量构成多维向量，利用对应的数学方法，在各变量可行域内筛选出符合约束条件的最优方案。

优化设计的一般步骤：①收集相关设计资料；②根据实际工程需要建立合理的数学模型；③选定适当的优化分析算法；④优化求解得到最优方案；⑤验证优化设计方案的合理性。

（2）结构优化设计类型。结构优化设计类型主要与建立的优化数学模型有关，特别是数学模型中的设计变量，不同类型的设计变量决定了结构优化设计的特点和侧重点，根据结构优化的特性，将结构优化大致分为尺寸优化、形状优化及拓扑优化。

1）尺寸优化。尺寸优化是在构件的形状和材料都确定的条件下，寻求符合各项设计要求和约束条件的最优截面尺寸。通常选择对结构的面积、长宽、厚度等进行尺寸调整，其优化过程较为简单，目前对于尺寸优化的研究也相对完善，是较为常用的一种结构优化方式。

2）形状优化。形状优化是改变构件的整体或部分形状，包括连续体的内外部边界、材料分界面等，以及增加或减少构件的某一部分。由于形状改变会使得构件几何模型各部分不断重组，有限元网格也随之重新划分，设计变量与刚度矩阵也呈非线性关系。因此，形状优化涉及的不可控因素较多，优化难度较大，当前的相关研究成果也比较少。

3）拓扑优化。拓扑优化主要是针对不同部位材料的分配方案，进行拓扑优化时，不需要给定参数或优化变量，事先设定好设计变量、约束条件和目标函数后，给出材料的属性参数值以及需要节省的材料百分比即可进行优化。此种优化方案与尺寸优化及形状优化相比，能够得到更好的经济效益，但是其优化难度也相对较大。

2. 优化设计常用算法

对于重力坝的优化设计问题，通常是转变为多约束条件下的非线性规划问题进行求解，此类问题的求解算法较多，但目前没有明确确定一种高效且通用的算法，一般需要根据工程的实际情况和需求以及构建的数学模型针对性选取某一种算法，求解得到相对最优的设计方案。以水利水电工程中重力坝优化设计为例，常用的算法按照求解原则和思路划分，大致可以分为最优准则法、数学规划法、仿生学法三类。

（1）最优准则法。最优准则法即依托结构力学原理，将设计方案需要满足的准则进行强制性限定，通常是参照设计规范编写满足准则约束条件的迭代计算公式，从而寻求最优设计方案。此类方法原理简单、耗时较短，在实际工程中应用较为广泛。

（2）数学规划法。数学规划法则是将重力坝的优化设计问题转变成数学问题，将优化设计的目标具体成目标函数，并根据多个约束条件建立数学规划区域，利用各个边界的数学表达式寻找目标函数在规划区域内的最优点，从而得到最优的设计方案，如单纯形法、复合形法等。

（3）仿生学法。仿生学法是通过模拟自然界的普遍寻优规律进而得到优化的结果，是近年来应用较为广泛的一类优化问题解法。常用的有遗传算法（GA）、粒子群算法（PSO）、蝙蝠算法（BA）等。

3. 优化数学模型

同样以重力坝的优化设计为例，根据设计参数和优化目标建立合理的数学模型，通常情况下优化问题的数学模型包括设计变量、目标函数和约束条件。

（1）设计变量。对于重力坝非溢流坝段的断面来说，其形状主要由坝高、坝顶宽度、上下游坡度以及上下游起坡点位置决定。坝高一般是由不同设计工况下的水位、防浪墙顶高程等固定要素决定，可按照规范要求通过计算得出定值。坝顶宽度一般是根据坝顶的通行要求以及启闭设备布设要求共同决定，通常情况取满足规范和实际使用要求的最小值。因此本书针对重力坝非溢流坝段断面优化设计选定的设计变量分别为：上游坡度（P_1）、下游坡度（P_2）、上游折坡点高度与坝高的比值（N_1）、下游折坡点高度与坝高的比值（N_2），如图 5.1-1 所示。

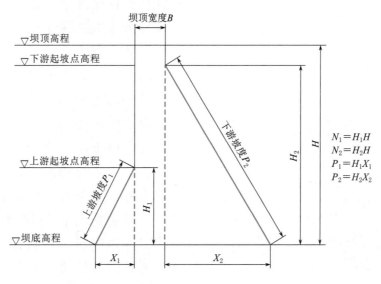

图 5.1-1 重力坝非溢流坝段优化设计变量

（2）目标函数。由于选取的优化目标是重力坝的非溢流坝段单坝段，因此对于单坝段的断面设计优化，优化目标应选择重力坝的断面面积，使得设计方案在满足规范和其他必要约束条件下，断面面积最小。在数学模型中，优化设计就是使目标函数的取值最小，目标函数即重力坝非溢流坝段断面的面积表达式：

$$S = HB + \frac{1}{2}H^2(P_1N_1^2 + P_2N_2^2) \tag{5.1-1}$$

式中：S 为非溢流坝段断面面积，m^2；H 为坝体高度，m；B 为坝顶宽度，m；P_1 为上游坡度；N_1 为上游折坡点高度与坝高的比值；P_2 为下游坡度；N_2 为下游折坡点高度与坝高的比值。

（3）约束条件。

1）几何约束。通常情况下，非溢流坝段断面的上游侧一般呈铅直或上部铅直下部倾向上游，上游坝坡的坡率一般为 0～0.2；下游侧倾向下游，下游坡率一般为 0.6～0.8，且各个设计变量的值都要求非负。

2）性态约束。在应力方面，根据《混凝土重力坝设计规范》（SL 319—2018），混凝土重力坝的坝踵处正应力应小于等于混凝土材料的许用拉应力，坝址处正应力应小于等于混凝土材料的许用压应力。在抗滑稳定方面，《混凝土重力坝设计规范》（SL 319—2018）也规定了利用抗剪断公式计算的重力坝抗滑稳定安全系数。

（4）优化算法及示例。梯度下降算法是一种依赖迭代计算的最优化算法，亦称最速下降法。在微积分理论中，对多元函数参数求偏导数，并把各个参数的偏导数组合成向量的形式，即构成目标函数的梯度。梯度下降法的基本原理

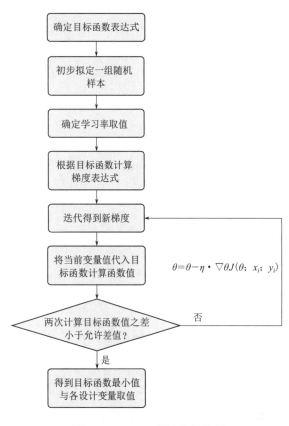

就是沿着梯度下降最快的方向去寻找目标函数的最小值，直观解释为假设从山顶要走到山的最低点，最好的办法就是不断沿着周围地势下降最大的方向和路径走，便极有可能到达整座山的最低点。此类算法目前常用于求解机器学习算法的模型参数，亦可用来求解无约束的优化问题，如求解目标函数的最小值等。以随机梯度下降算法（SGD）为依托，进行单一目标函数、多设计变量的最值优化计算的实现流程如图 5.1－2 所示。

利用 Python 语言将针对重力坝的非溢流坝段断面优化设计而改进的 SGD 算法编写成脚本程序，并与 JavaScript 编写的前端控件进行数据交互，实现 Web 端的在线分析计算，从而达到优化设计的目的。

图 5.1－2　SGD 算法实现流程

$$\theta = \theta - \eta \cdot \nabla \theta J(\theta;\ x_i;\ y_i)$$

输入参数后进行算法优化后的坝体结构设计界面如图 5.1－3 所示。

图 5.1－3　优化后的坝体结构设计界面

5.1.2　基于 BIM/CAE 集成分析结果的优化设计

经过 BIM/CAE 集成分析计算后的结果与设计平台关联，同步储存模型信息至该平台供相关需求方调用，通过项目和专业选择来查看模型信息并可进行模型可视化展示；依托平台对 BIM/CAE 集成分析结果进行添加、修改、删除、更新、搜索，可进行文件的上传、下载和删除。将不同项目 BIM 模型以及 CAE 分析结果可关联的几何与非几何数据来源信息进行管理，有利于 BIM 数据信息的快速提取，方便后续完善优化设计后的信息。成果管理页面如图 5.1－4 所示。

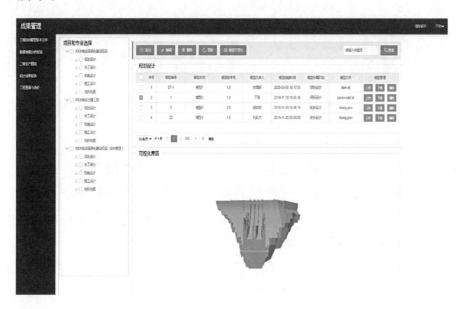

图 5.1－4　成果管理页面

在服务器上对分析计算结果进行存储后，为了在 Web 端即看到参数化设计的坝体的三维有限元分析计算情况，以方便判定设计的合理性和为后续做针对性的优化调整，因此需要对服务器的计算结果与云图进行调取查看。图 5.1－5 为计算结果调取的代码示例。

将 ABAQUS 计算后生成的 odb 结果文件存储在云服务器内，方便后续调取查看。编写 Python 脚本，调用 ABAQUS 读取生成的 odb 文件，创建 Viewport 视图窗口，定义在此窗口下显示结果对象；依次创建 step 荷载步对象、frames 帧对象，在窗口内读取位移场和应力场数据并分别进行参数设定，利用 odbDisplay. display. setValues() 函数设定场数据在结果对象上的输出，再通过 Session 对象完成对应力、位移云图在有限元模型上的可视化显示和云图的输出。最后将输出的云图图像文件存储于云服务器内，供 Web 端用户借助

```python
from abaqus import *
from abaqusConstants import *
import visualization

def PrintAllFrameToFile(odb_file, field_val, field_val_2):
    myViewport = session.Viewport(name='Superposition example',origin=(100, -10), width=300, height=200, border=OFF)
    #创建窗口
    myViewport.view.setViewpoint(viewVector=(1, 1, 1), cameraUpVector=(1, 3, 6))
    myOdb = visualization.openOdb(path='Damjob_Explicit.odb')
    #打开并读取odb结果文件
    myViewport.setValues(displayedObject=myOdb)
    #当前窗口显示结果对象
    step = myOdb.steps['Step-1']
    #创建荷载步
    for i in range(len(step.frames)):
        frame = step.frames[i]
        #创建帧对象
        stress = frame.fieldOutputs[field_val]
        #读取应力场数据
        myViewport.odbDisplay.setPrimaryVariable(field=stress, outputPosition=INTEGRATION_POINT, refinement=(INVARIANT, field_val_2))
        #设定应力场输出
        myViewport.odbDisplay.display.setValues(plotState=(CONTOURS_ON_DEF,))
        #应力场在结果对象上显示
        myViewport.odbDisplay.commonOptions.setValues(renderStyle=FILLED)
        session.printOptions.setValues(rendition=COLOR, compass=ON)
        #显示彩色的应力场输出云图
        session.printToFile(fileName='contourPlot' + str(i), format=PNG, canvasObjects=(myViewport,))
        #应力场云图输出设置
```

图 5.1-5　计算结果调取 Python 代码示例

JavaScript 脚本对资源进行访问查看。

在 Web 端得到三维有限元分析计算的结果后，可通过直观地查看计算云图结果，针对坝体的三维设计参数进行调整修改，将改动的参数进行提交后，即可循环上述 CAE 云分析流程，较为快速地获取参数修改之后坝体的应力位移分布情况和数据。如此开展正向设计，结合了较为自动化的 CAE 分析技术和强大的云计算能力，使设计者在 Web 端只要能够访问云服务器内的参数化设计系统平台，即可做到 CAE 分析和三维设计参数的不断互馈，从而使设计成果不断优化。Web 端坝段 CAE 分析与设计参数的互馈界面如图 5.1-6 所示。

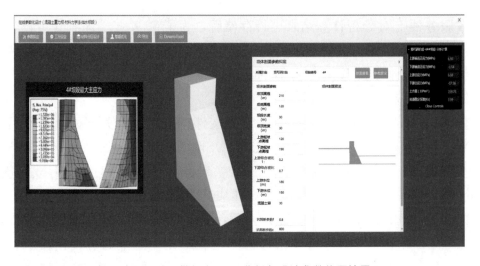

图 5.1-6　Web 端坝段 CAE 分析与设计参数的互馈界面

5.2 基于 BIM/CAE 集成分析的动态反馈

5.2.1 水利水电工程动态设计

1. 动态设计理论与类型

动态设计是要在设计施工过程中不断复核设计方案,了解各种不确定性并在需要时进行适时修正,同时要使施工方案也按照实际条件实现最佳调整。动态设计的主要内容包括现场量测、量测数据处理及信息反馈、修改或调整设计参数和施工方法三个方面。

(1) 现场量测包括选择量测项目、量测手段、量测方法及测点布置等内容。

(2) 量测数据处理包括分析研究处理目的、处理项目和处理方法以及测试数据表达形式。信息反馈一般有定性反馈(经验反馈)与定量反馈(理论反馈)。

定性反馈是根据工程实践经验及理论上的推理所获得的一些准则,直接通过比较量测数据与这些准则将结果反馈于设计与施工。定量反馈则是以测试所得的数据作为计算参数,通过力学计算进行反馈。

定量反馈也有两种形式:一种是直接以测试数据作为计算参数进行反馈计算;另一种是根据量测数据反算出一般计算方法中的计算参数,然后再按一般计算方法进行反馈计算,即所谓反分析法。

(3) 修改或调整设计参数和施工方法是根据施工中水文地质调查结果、量测信息反馈结果以及工程其他信息的分析,修正设计方案中的设计参数,调整施工方法,并形成新的设计成果。

2. 动态设计主要方法

动态设计方法并不排斥以往的各种力学计算、模型试验及经验类比等设计方法,而是最大限度地把它们包容在自己的决策支持系统中,充分发挥各种方法特有的长处。动态设计方法是将监测技术、力学计算、数值分析和经验评估等融为一体的工程设计方法。

(1) 模糊数学方法。由于某些工程本身具有的复杂性、随机性和模糊性,加之某些方面理论研究的不完善,模型和对象之间有时是不精确和不确定的,有些情况下应用模糊模型更符合工程实际。近年来,模糊数学方法在水利水电工程岩土及隧道工程岩体分级、围岩稳定性分类、方案优选和评判等得到了广泛应用。模糊数学方法主要包括模糊模型识别、模糊聚类分析、模糊综合评判、模糊决策等。

模糊模型识别是指模型识别中模型是模糊的，即针对不同对象进行识别归类的标准模型是模糊的。模糊聚类分析就是用模糊数学方法研究和处理所给定对象的分类，它建立起了样本对于类别的不确定性的描述，更能客观地反映现实世界。模糊综合评判就是用模糊数学对受到多种因素制约的对象做出一个总体评价。模糊决策就是通过对备选方案和评价指标之间构造模糊评价矩阵来进行方案优选的方法。模糊决策正成为决策领域中一种很实用的工具。

（2）工程类比法。工程类比法通常有直接对比法和间接类比法两种。在进行工程类比设计时，主要考虑工程条件和工程地质条件两个方面。以水利水电工程中岩土工程为例，前者包括工程类型、工程规模、工程形状与尺寸及施工方法等因素；而后者主要包括工程地质条件的复杂性、岩体强度和岩体完整性、地下水影响程度和地应力条件等因素。

直接类比法一般是将新建工程的工程条件和工程地质条件两方面因素，与上述条件基本相同的已建工程进行对比，确定施工参数，并对工程施工方案等进行相应调整。间接类比法一般是根据现行的设计规范，按围岩级别表及支护设计参数表确定支护参数及衬砌结构参数，并对工程施工方案等进行相应调整。

（3）灰色系统理论。灰色系统理论是研究系统分析、建模、预测、决策和控制的理论。灰色预测就是利用灰色过程中所显示现象既是随机的、杂乱无章的，也是有序的、有界的这一潜在规律，建立灰色模型对系统进行分析预测。灰色预测通常是指对在一定方位内变化的、与时间有关的灰色过程的预测。灰色决策理论是指从某一事件或工程的对策中，挑选出一个或多个效果最佳的对策或方案来应对目标事件或工程。最常用的是灰色系统关联分析法和灰色局势决策方法。水利水电工程影响因素较多，其周围环境、工程地质条件和施工条件等是模糊的、不确定的，所获得的信息也是有限的，符合灰色系统的特点及应用条件。

5.2.2 基于 BIM/CAE 分析结果的动态反馈

1. 围岩边坡动态反馈

通过动态设计的分析可以获得初始地应力场和围岩材料力学参数，进行 BIM/CAE 集成围岩稳定反馈分析计算。围岩稳定反馈分析包括安全稳定分析、监测反馈、施工反馈和支护反馈，反馈主要从文字和图片两方面来进行说明。反馈计算分析参数输入界面如图 5.2-1 所示，输入完备的计算参数调用

CAE 软件进行后台计算。

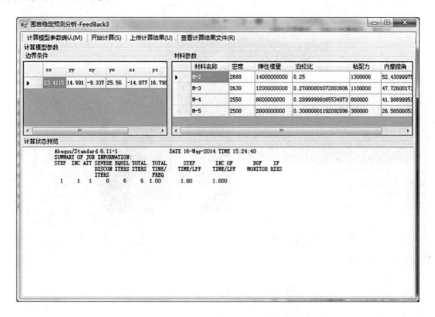

图 5.2-1 反馈计算分析参数输入界面

根据反馈分析结果（图 5.2-2）以及监测断面的准三维数值仿真模型，采用有限元参数折减法确定监测点的变形预警阈值。

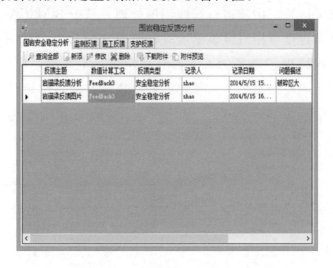

图 5.2-2 围岩稳定反馈分析

另外结合 CAE 分析结果与监测信息，通过自动分析设置，对边坡异常状况按照一定的周期自动分析，并向相关人员自动发送分析结果。当自动分析到异常信息时，系统会在主界面上显示报警信息，并基于三维可视化平台显示异常监测点位置和详细异常信息，实现动态反馈。动态反馈预警效果见图 5.2-3。

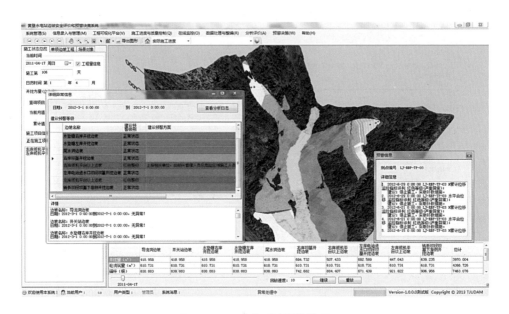

图 5.2-3 动态反馈预警效果

2. 温度计算动态反馈

通过对施工分析计算温度与实际温度的可视化模拟，进行温度偏差判定。当存在偏差但不超过阈值时，在可视化模块进行预警显示；当存在偏差且超过阈值时，将通过采取施工措施进行智能纠偏处理。基于 BIM/CAE 温度场计算结果，结合工程浇筑进度监控对浇筑温度进行监控（图 5.2-4）。应用大坝混凝土温控智能监控系统减少了过多的人工参与，能够科学、动态指导温控工作，提高了大体积混凝土温控的水平。大坝温度控制物理系统架构如图 5.2-5 所示。

图 5.2-4 浇筑温度监控信息页面

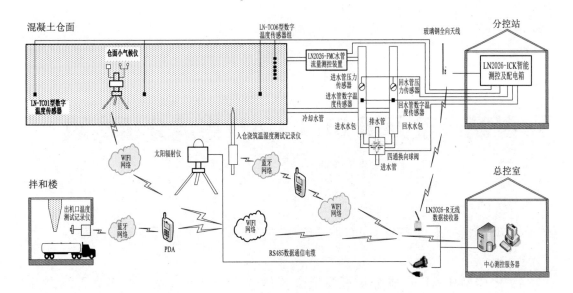

图 5.2-5 大坝温度控制物理系统架构图

3. 水力计算动态反馈

将云计算技术与 CAE 分析相结合，快速进行各种工况下水力控制特性的实时仿真，根据仿真结果对建筑物的相关参数进行反馈并动态调整。基于倒虹吸运行期水力特性的集成分析结果，得到沿程平均流速分布（图 5.2-6），为满足各引水任务的优化运行方案提供数据基础，避免不良水力现象的发生，减少工程运行维护成本。

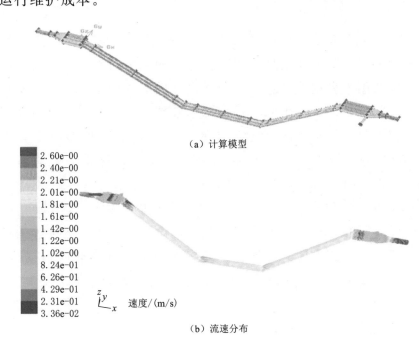

（a）计算模型

（b）流速分布

图 5.2-6 倒虹吸整体流速分布计算

第 6 章

混凝土重力坝 BIM/CAE 集成分析实践

6.1 勘测设计阶段 BIM/CAE 集成分析

由于 BIM/CAE 集成分析可模拟真实条件下的设计方案，并将分析结果反馈给设计人员，因此勘测设计阶段是应用 BIM/CAE 集成分析最多的阶段。

在黄登水电站工程勘测设计阶段，利用 BIM/CAE 集成分析，秉承正向设计理念，对各阶段的设计方案进行了分析，起到了方案比选和方案优化的作用，优化了设计成果，提高了设计效率。

本节以黄登水电站工程勘测设计阶段的部分应用为例，说明勘测设计阶段 BIM/CAE 集成分析的应用。

6.1.1 勘测设计阶段 BIM 模型建立

BIM 模型是项目信息交流和共享的中央数据库。在项目的开始阶段，就需要设计人员按照规范创建信息模型。在项目的全生命周期中，通常需要创建多个模型，例如用于表现设计意图的初步设计模型、用于施工组织的施工模型等。随着项目的进展，所产生的项目信息越来越多，这就需要对前期创建的模型进行修改和更新，甚至重新创建，以保证当时的 BIM 模型所集成的信息和正在更新的项目信息保持一致。因此，BIM 模型的创建是一个动态过程，贯穿项目的全过程，对 BIM 的成功应用至关重要。

BIM 模型的创建只有符合工程要求才能将其真正称为工程数据 BIM 模型，成为后续深层应用的完整有效的数据资源，在设计、施工、运维等工程全生命周期的各个环节中发挥出应有的价值。建模规范的具体内容应根据建模软件、项目阶段、业主要求、后续 BIM 应用需求和目标等综合考虑制定。BIM 建模应遵循以下原则：

（1）注意模型结构与组成的正确性与协调性。

（2）根据需要，分阶段建模。

（3）根据各阶段的设计交付要求，采用对应的建模深度，避免过度建模或建模不足。

（4）建立构件命名规则，规范建筑、结构、机电的构件模型的命名，给 BIM 模型从设计、施工到运营全过程带来极大的便利。

（5）修改或更新模型时，保留构件的唯一标识符，便于记录模型版本。

（6）构件之间的空间关系规则，对不同建筑构件间的模型空间关系及连接要求等进行规定。

（7）构件的主要参数设置规则，对不同建筑构件的主要参数类别及名称设置等进行规定。

（8）在各阶段建模时，限制使用构件属性的实际要求，避免过度使用属性而导致模型过于庞大和复杂，从而引起不必要的重新设计。

（9）建筑构件按楼层分别创建并合理分组，应区分类型构件和事件构件，并区分通用信息和特定信息。

（10）避免产生不完整的构件或与其他构件没有关联的构件，并应避免使用重复和重叠的构件，输出 BIM 模型前，应当使用建模软件或模型检查软件进行检查。

（11）其他原则，包括模型拆分原则、文件名命名规则、模型定位基点设置规则、轴网与标高定位规则等。

黄登水电站工程勘测设计阶段基于以上原则，遵循正向设计理念，采用分阶段建模的方式进行 BIM 建模。随着勘测资料的丰富及 CAE 分析反馈，地质模型及坝体模型精细化程度逐渐完善，最终形成可用于指导施工的 BIM 模型。

6.1.1.1 初期坝体模型建立

坝体外部体型建模采用参数化建模的方法。参数化建模区别于传统的建模，只需要在已建立好的标准模型库中选择相应模型，再对部分需调整的参数进行输入，即可自动完成建模和装配。

参数化建模通过模型库建立及参数化调整实现。首先建立包含模型基础形态的模型库，再通过 Python 脚本对模型库中的模型进行调用并对关键几何参数进行参数化调整。通过 Inventor 读取模型创建信息文件，创建坝体原始模型，确定装配约束轴和约束面，建立装配体，自行拼接组合成完整的模型。这种建模方式利用开发完成的参数化设计平台，仅需对建模的建筑物的关键几何参数进行选定，即可快速完成建模。

利用上述建模方式，黄登水电站工程在预可行性研究阶段建立了混凝土拱坝、混凝土重力坝、面板堆石坝等多种坝型的 BIM 模型，并从数据库中提取上、中、下 3 个坝址的地形地质条件数据用于 CAE 分析，确定各种坝型的稳定性、经济性，从而对 3 种坝型进行比选，最终确定采用混凝土重力坝方案。

6.1.1.2 勘测设计初期重力坝外部体型设计模型建立

根据选定的混凝土重力坝坝型，参考混凝土重力坝相关设计规范，研究混凝土重力坝外部体型设计的关键几何参数。

利用选定的坝高、坝顶宽度、上游侧综合坡比等关键几何参数，研究关键几何参数之间的关系，利用几何学原理，由关键几何参数确定坝体体型边界，从点到线和面，最后到体，搭建基于坝体关键几何参数的坝体三维模型的参数体系，从而构建如图 6.1-1 所示的混凝土重力坝坝体体型参数化设计平台，用于对混凝土重力坝外部体型进行更深入的设计和建模。

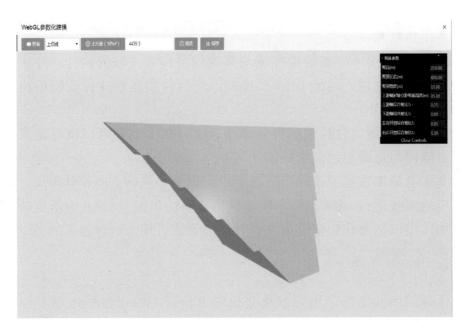

图 6.1-1 混凝土重力坝坝体体型参数化设计平台

参数化设计平台将自动提取构建坝体的关键几何参数，诸如开挖面、坝段体积等，存入数据库并与 BIM 模型关联，以供后续 CAE 分析评价与优化使用。

6.1.1.3 勘测设计初期地质模型建立

三维地质建模基于昆明院自主研发的三维地质系统 GeoBIM 进行。根据水电工程设计的工作流程，结合地质勘察相关数据的特点，黄登水电站项目有针对性地建立了集成多源数据、覆盖全部设计过程、适用全阶段的三维地质模型，真正实现三维地质建模技术在水电工程全阶段中的运用，全面而准确地展现了各阶段工程地质条件，实现了地质模型与设计模型的融合和地质与设计的三维无缝对接。

1. 地质建模的依据

勘测设计阶段初期的地质建模以各种原始资料为基础，用于建模的数据包括以下几类：

（1）地形数据。地形是地质勘察工程的基础，也是三维地质建模的基础数据。二维制图阶段一般直接使用等高线地形图，三维建模则需要使用测绘专业提供的三维地形面，这样既可以保证地形数据的精度，又可以保证各专业使用地形数据的统一性。将测绘专业提供的 dxf 文件格式的地形面直接导入 GeoBIM 软件中得到三维地形面，根据建模范围确定需要的部分三维地形面。

（2）物探数据。物探数据是对于物理属性探查的成果，以线和面模型的形式进行表达，可将物探专业提供的成果文件转换成 dxf 文件格式后直接导入 GeoBIM 软件中，结合地质资料进行分析使用。

（3）勘探数据。勘探数据包括钻孔、平洞、探坑、探井、探槽等勘探成果，该类成果多为一些空间的散点数据或线性数据，需要将散点数据录入数据库中成为可以调用的空间点数据，将线性数据整理成可以导入 GeoBIM 软件中的空间线数据。这类点数据和线数据成为三维地质建模的控制数据，并以此类数据作为建模的基础向外延伸推测数据。

（4）试验数据。试验数据为各种室内试验及原位测试的成果，该类成果为一些地质对象的属性数据，主要作为地质模型属性数据的来源，为地质专业的成果分析提供参考数据，并为设计专业提供一些基本参数。

（5）地质数据。该类数据主要包括遥感地质解译成果及工程地质测绘资料。遥感地质解译应用于前期资料相对缺乏的阶段具有非常大的价值，其对区域地质条件解译效果较好。解译工作多以地理信息系统软件为工具，解译成果多为地理信息系统软件格式文件，以点、线等形式表达解译成果，精度上满足前期工程阶段要求，并可作为三维地质建模的参考数据，从总体上为建模提供一定的参考或指导。

2. 地质模型的建模流程

由于建模相关数据众多，需要根据不同的数据类型分别进行整理和归纳。将各类地质点数据、特征线数据和面数据录入数据库，GeoBIM 软件从数据库中提取相应数据作为原始数据，在数据录入后还需要从完整性、合规性、合理性等方面对数据进行全面的检查和复核。依据以上数据，三维地质建模系统建立了一整套建模流程，具体如下：

（1）导入测绘专业提供的地形面，整理各类原始资料得到空间点数据和线数据。

（2）根据各类勘探点数据绘制建模区的三角化控制剖面，并根据各类地质对象的特点绘制特征辅助剖面对建模数据进行加密，得到各类地质对象的控制线模型。

（3）通过拟合算法即可得到各类地质对象的初步面模型，通过剪切、合并等操作形成三维地质面模型。

（4）通过围合操作得到三维地质围合面模型，通过实体切割操作得到三维地质体模型。

黄登水电站工程勘测设计阶段初期，利用已获得的各种原始资料，依据上述建模流程进行初步地质建模，模型如图 6.1-2 所示。

图 6.1-2　黄登水电站初步地质模型

6.1.1.4　地质模型深化及地质与坝体结合模型建立

随着勘测设计资料的逐渐丰富，利用黄登水电站三维地质建模系统，对地质模型进行精细化处理。同时，将地质模型与初期选定的黄登水电站混凝土重力坝模型进行结合。此阶段三维地质建模范围覆盖了整个坝址区，完成了地层面、风化面、卸荷面、水位面、吕荣面、构造面、不同堆积体分层面等各种地质对象的建模，详见图 6.1-3～图 6.1-5。

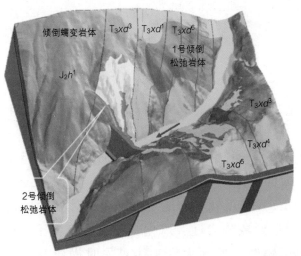

图 6.1 - 3　枢纽区整体地质模型 1

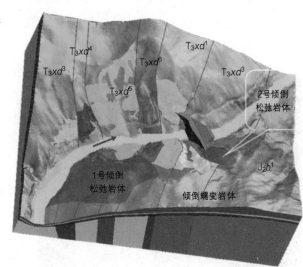

图 6.1 - 4　枢纽区整体地质模型 2

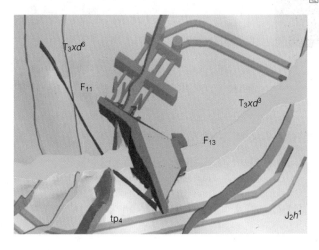

图 6.1 - 5　局部地质模型

6.1.1.5　具有开挖面的地质模型及坝体细部模型建立

利用地质与坝体结合的 BIM 模型进行进一步的 CAE 分析，进而进行坝基开挖的初步设计并进一步优化坝体体型设计。

基于前一阶段的枢纽区地形模型进行地基开挖，对地形模型进行加工，生成具有建基面的地形模型。

由于设计专业使用的设计软件与地质建模软件不同，需要通过对地质模型进行转换才可得到能直接导入设计软件的地质模型，设计软件包括 Inventor、Revit 和 Civil 3D 软件。导入 Inventor、Revit 软件的地质模型为实体及面的混合模型，带有地质相关信息，包括地质对象的岩性、风化、建议开挖坡比及相关的岩土力学参数。Inventor、Revit 软件在处理大量实体对象时操作效率较低，在转换过程中有针对性地进行部分地质对象的实体转换，其他地质对象以面的方式导入，可以大大压缩地质转换模型文件，在保证设计工作数据需求的情况下提高了软件处理地质对象的效率。导入 Civil 3D 软件的地质模型为面模型，带有面的相关属性，如地层分界面、风化程度、水位面等信息。通过面模型及面边界的数据转换，可以保证地质模型向 Civil 3D 软件的无损转换。通过前期的三维地质数字化模型分析确定水工建筑物最有利于土建开挖设计的布置方案，将地质模型导入设计软件中就可以进行土建的开挖设计，开挖后的地形模型如图 6.1－6 所示。

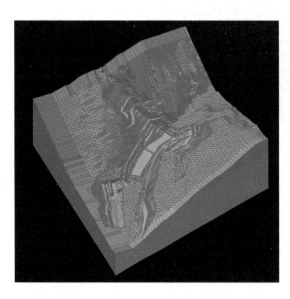

图 6.1－6　开挖后的地形模型

同时，依据 CAE 分析结果，对坝体模型进行精细化设计，确定坝段分割方案及坝体细部设计。

坝体细部设计过程基于 HydroBIM，采用三维设计方式，流程如下：

（1）直接建立各坝段三维模型，并对各坝段三维模型进行拼接装配。

（2）拟定初步的坝体模型。

（3）各设计部门分别建立挡水坝段、泄水坝段的 BIM 模型，如图 6.1－7、图 6.1－8 所示。

（4）通过 HydroBIM 协同平台，对各设计部门的设计成果进行整合装配，形成初步的坝体模型。

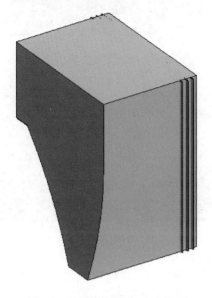

图 6.1-7 挡水坝段 BIM 模型

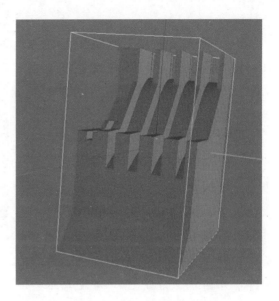

图 6.1-8 泄水坝段 BIM 模型

将整合后的坝体模型与开挖完成的地质模型进行叠加,生成较精细化的枢纽区域整体模型,可以直接展示建筑物的地质条件与各种地质对象的空间关系,并展示开挖后的地质条件。基于数字化的三维模型,将带有水工建筑模型的三维地质数字化模型在大坝厂房位置处直接剖切,即可知道现有设计方案中水工建筑模型下的地质岩层情况,为接下来的土建设计施工提供指导。

6.1.1.6 泄水坝段优化设计模型建立

针对泄洪消能工,黄登水电站工程拟采用三孔泄洪和四孔泄洪两种方案。同时,每种方案又具有多种设计参数,如斜坡段倾角、反弧段半径、挑角等。因此,需要针对每种方案建立模型或对模型进行调整。

由于泄洪消能工优化过程中备选方案多、建模工作量大,为保证设计进度,采用传统手工建模的方式显然是不现实的。因此,在黄登水电站工程设计阶段,针对泄洪坝段建立了模型构件库,将泄洪坝段拆分成基础构件,并采用参数化建模的方式,通过输入关键参数对构件尺寸进行参数化调整,再进行装配。具体流程如下:

(1)设计人员选定三孔或四孔的泄洪消能工方案,并在系统中输入模型相关参数。

(2)用 Inventor 读取模型创建信息文件,创建泄洪消能工零件模型并依

据读取到的相关参数对零件模型尺寸
进行调整。

（3）系统确定装配约束轴和约束
面，建立装配体并将零件加载入装配
体中，自行拼接组合成完整的泄洪消
能工模型。

针对泄洪消能工的 CAE 分析主
要进行泄流模拟分析，研究水流流态
和泄流坝段的应力应变。由于泄流模
拟分析中，网格划分和计算域的工作
对象是流场模型，因此，生成坝体模
型后，通过布尔减运算生成流场模型

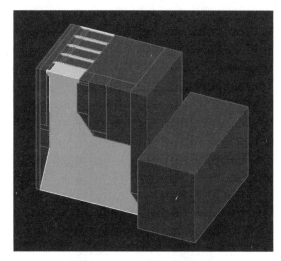

图 6.1-9　流场模型装配

构件，并自动按照上述步骤完成流场区域的装配（图 6.1-9）。

黄登水电站工程初步设计阶段通过对参数化批量建模生成的 500 余个泄洪
消能工模型进行 CAE 分析，最终确定了 3 个开敞式溢流表孔、2 个泄洪放空
底孔的方案，并根据 CAE 分析过程中得到的水流流态提出并应用了一种新型
挑坎——燕尾型挑坎（图 6.1-10）。形成的泄洪消能建筑物整体 BIM 模型如
图 6.1-11 所示。

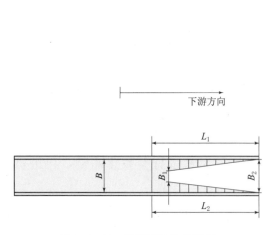

图 6.1-10　燕尾型挑坎俯视图

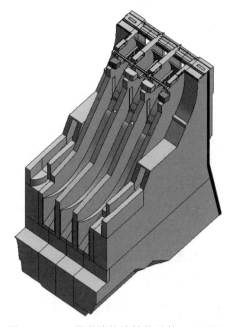

图 6.1-11　泄洪消能建筑物整体 BIM 模型

6.1.1.7 施工图阶段深化地质模型建立

施工图阶段依据前期地质勘测资料、坝基开挖设计方案、坝体设计方案、灌浆设计方案等资料，对三维地质建模精细化程度进行深化。该阶段三维地质建模主要是完成了基础资料的复核和展示、开挖坝基的三维地质建模以及缓倾角结构面的建模。

（1）开挖坝基收资。传统的坝基收资均基于二维图纸，主要是对开挖面进行展平后表达，表达的可视化效果不好，且不利于后期三维地质建模。该工程在三维开挖面上完成了现场资料的复核和展示，从空间上展示地质资料更加形象和直观，并为下一步的地质建模打下了很好的基础。工程主要完成了风化、岩体质量、岩性等基础成果的收集和展示，并在模型中以不同颜色区分，如图6.1-12～图 6.1-14 所示。

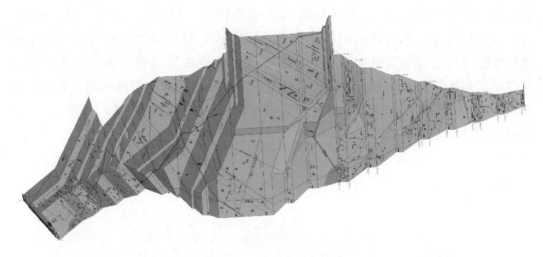

图 6.1-12 坝基风化分布图

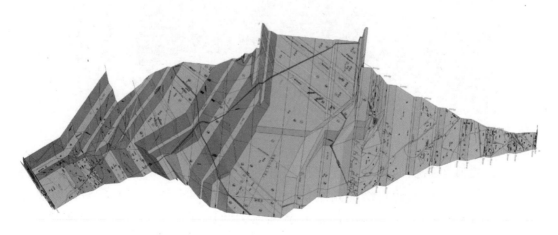

图 6.1-13 坝基岩体质量分布图

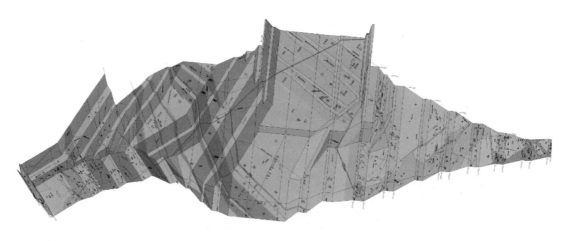

图 6.1 - 14 坝基岩性分布图

（2）开挖坝基建模。结合前期的工作成果，并结合坝基收资成果，利用土木工程三维地质系统建立了坝基的三维地质模型（图 6.1 - 15），包括地层、岩性、结构面等。通过曲面网格化技术完成了设计模型向地质软件的转换，将建筑物模型与三维地质模型进行融合，完成了地质成果与设计成果的集成展示和应用，如图 6.1 - 16 所示。根据现有的三维地质模型分析坝基的地质条件，结合帷幕灌浆的资料，完成了帷幕灌浆第三方检测孔的针对性布置，如图 6.1 - 17 所示。

图 6.1 - 15 坝基三维地质模型

（3）缓倾角结构面建模。连续性较好的缓倾角结构面对于重力坝的抗滑稳定性影响较大，如何确定缓倾角结构面的连续性是一个难点。通过对坝基钻孔成果进行分析，确定了各孔中揭露的节理面，并计算了各个结构面的规模及产状，通过三维地质建模技术表达了各孔中各组结构面的空间形态及展布，将所

图 6.1-16　地质模型与建筑物的融合模型

图 6.1-17　地质模型与帷幕灌浆第三方检测孔布置

有面模型集成在一起后，可以直观了解各组结构面的连通性，为评价各组结构面在空间上的连续性提供参考。大坝及坝基钻孔模型如图 6.1-18 所示。坝基钻孔及缓倾角结构面整体模型如图 6.1-19 所示。

上述地质建模成果通过模型库统一管理，用于和坝体模型结合进行精细化 CAE 分析。

6.1.1.8　勘测设计阶段整体模型建立

该阶段 BIM 建模利用施工图设计阶段添加的细部设计信息，建立可剖切出图指导施工的精细化坝体模型。

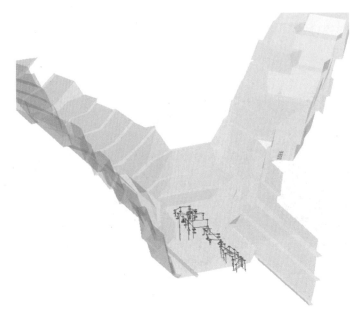

图 6.1-18　大坝及坝基钻孔模型

在勘测设计阶段，整体模型通过对各部分模型进行拼接来建立，各部分模型是通过在模型库调用原模型并对其进行深化加工得到的，拼接成的整体模型如图 6.1-20 所示。这种建模方式不用对各部分模型进行重新建模，节省了大量的建模时间。同时，基于原模型进行深化可以继承原模型上关联的工程信息数据，只需要对新增的工程信息数据进行增添即可完成 BIM 数据的绑定。

建立完成后的坝体模型需要对各部分的 BIM 模型信息进行添加绑定。BIM 模型信息数据来源共分为两种：从原模型中集成的基础数据和从数据库中提取的新增的详细数据。其中，原模型中集成的基础数据直接与模型绑定，以 BIM 模型文件的形式集成。数据库中不断增加的数据，其灵活性高、增长速度快、变动幅度大，因此不宜与模型直接结合，需采用模型与数据中心关联的方式进行绑定。

为保证 BIM 模型信息量随工程的进行实时增长，应将模型与

图 6.1-19　坝基钻孔及缓倾角结构面整体模型

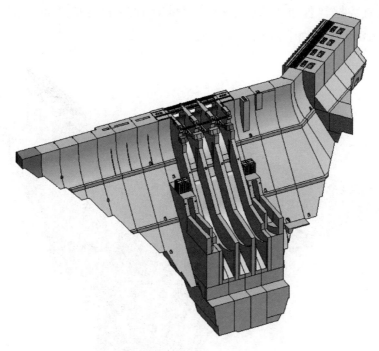

图 6.1-20 坝体整体模型

数据中心结合。通过将模型信息与数据中心的管理信息关联并提取，实现 BIM 信息量的实时增长。

数据中心主要由 4 部分组成，分别是基础环境、数据资源池、数据应用及服务接口、安全运行机制和标准规范体系。

（1）基础环境。主要为软硬件设施，即通过虚拟化技术将底层异构的硬件和操作系统、软件等整合成高性能、高伸缩性、高可扩展性、高可靠性和高安全性的系统运行资源，为数据存储、计算、分析等服务提供基本的环境。基础环境中包含私有云和公有云两种资源。

（2）数据资源池。数据资源池是数据中心进行数据加工的数据来源，包括信息模型数据池、业务应用数据池及系统管理数据池。

（3）数据应用及服务接口。主要是对数据源进行计算分析、数据挖掘等，并提供各种应用服务接口，与其他各大应用系统之间通过 ESB 企业服务总线进行沟通。

（4）安全运行机制和标准规范体系。主要为数据中心提供安全运行和实施标准的支持。安全运行方面应做到明确职责、管理制度完善、技术防范到位，标准建设方面应全盘考虑，兼容国家标准、行业标准及国际等标准。

通过建立数据中心，在不修改模型文件的前提下，可以满足数据信息与模型的实时动态关联。这种方式可以保证 CAE 分析过程中提取到的 BIM 模型数据全部为当前数据，保证 CAE 分析结果的合理性和可应用性。具有全部工程信息的整体 BIM 模型如图 6.1－21 所示。

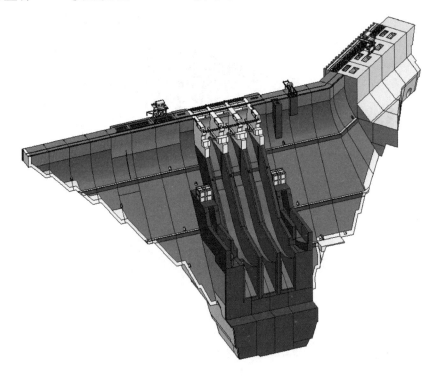

图 6.1－21 具有全部工程信息的整体 BIM 模型

黄登水电站在工程设计阶段提取该 BIM 模型中的工程信息，结合之前建立的地质模型，利用 BIM/CAE 集成分析技术对坝体整体模型的应力应变、抗滑稳定、渗流计算、泄洪消能计算等进行分析，对坝体整体的设计合理性和安全性进行校核。确定坝体设计方案合理后，可以投入施工。

6.1.2 勘测设计阶段 CAE 分析业务种类

为保证混凝土重力坝设计的合理性、施工的安全性，在勘测设计阶段需要对其进行大量 CAE 分析，内容主要包括：应力计算、抗滑稳定计算、抗震设计、渗流计算、泄流消能计算。

勘测设计阶段可以采用 CAE 技术对坝体整体及各分项工程设计方案进行精确计算，确保枢纽设计的合理性，降低设计成本。借助 CAE 技术，可以快速对设计方案中的缺陷进行校核和调整。例如：黄登水电站工程实际勘测设计过程中通过泄洪模拟分析，及时发现并调整了泄洪消能建筑物的薄弱部分。相较于人工计算校核，运用 CAE 技术可以大幅缩短设计和分析的循环周期。

CAE 分析可以模拟整个生命周期内枢纽各部分建筑物的可靠性，在设计阶段对后续建设阶段和运行维护阶段的情况进行分析，可以在施工前发现潜在的问题，减少后期需要进行的设计调整，降低后期调整对工期和成本的影响，进一步优化设计方案。

CAE 分析结果可以反馈指导枢纽设计，在保证安全性、合理性、有效性的同时，优化枢纽建筑物设计，找出最佳的枢纽建筑物设计方案，降低时间成本、材料消耗等。

6.1.3 勘测设计阶段 BIM/CAE 集成分析应用效果

黄登水电站工程勘测设计阶段将 BIM/CAE 集成分析技术应用于方案比选、设计优化、设计方案校核等工作。下面将以黄登水电站工程勘测设计阶段的几个典型 BIM/CAE 分析为例，对工程勘测设计阶段 BIM/CAE 的实际应用及应用效果进行简要叙述。

6.1.3.1 坝体体型优化

黄登水电站工程勘测设计初期进行了混凝土拱坝、混凝土重力坝、面板堆石坝等多种坝型及上、中、下坝址的比选，最终确定采用混凝土重力坝的方案，并利用 BIM/CAE 集成分析技术对碾压混凝土重力坝的外部体型进行了初步设计。设计过程采用自主研发的坝体体型设计参数优化系统平台。

坝体体型设计参数优化系统平台提供坝体外部体型参数化设计、坝体强度稳定性 CAE 分析功能，并通过 CAE 分析结果反馈至参数化设计模块，对坝体的外部体型进行参数化调整。系统主要包含坝体外部体型参数化设计、强度稳定性 CAE 分析、经济性约束分析、坝体设计成果可视化等功能，将坝体体型设计和 BIM/CAE 强度及稳定性分析、工程造价经济性分析有机统一，实现了坝体优化设计参数的反馈，极大地节省了工作时间，省去了大量重复性工作，提高了坝体体型确立的合理性。

坝体体型参数优化系统框架如图 6.1-22 所示。

1. 坝体在线参数化设计

基于 Three.js 场景，利用设计好的坝体体型设计几何参数体系，结合几何学原理进行坝体三维模型的搭建。根据《混凝土重力坝设计规范》（SL 319—2018），参考实际地形、水文等条件，初步选定坝体体型设计关键几何参数的数值，依据坝高、坝顶长度、坝顶宽度、覆盖层厚度、上游侧的综合坡比、下游侧的综合坡比、左岸开挖综合坡比、右岸开挖综合坡比、上游起坡点距坝底高度等参数数值，分层搭建混凝土重力坝，完成坝体体型的初步设计。

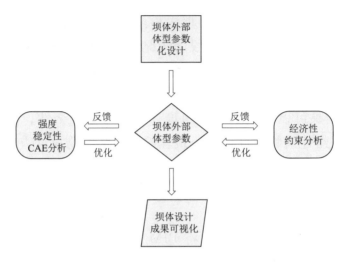

图 6.1-22 坝体体型参数优化系统框架

引入 dat.GUI 库，利用 GUI 组件对坝体体型设计的边界轮廓进行调整，实现在线更改坝体几何边界。同时能够实时预览坝体几何边界更改后的坝体体型，实时获取坝体体积的数值，并且可以将坝体体型参数保存在后台数据库中，实现坝体体型设计参数的实时更新。

2. 坝体 CAE 分析

根据坝体参数化设计拟定的参数数值，绘制 ABAQUS 有限元分析软件所需的三维模型，并转换成 SAT 格式文件。利用 Python 脚本对 ABAQUS 软件进行二次开发，在 Web 端系统将 SAT 模型文件与 ABAQUS 软件对接，进行有限元网格剖分。坝体有限元网格剖分结果如图 6.1-23 所示。

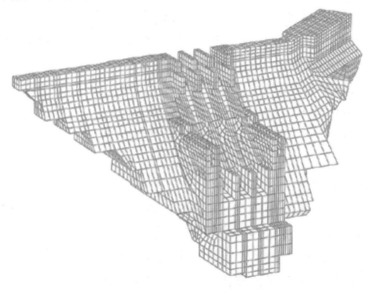

图 6.1-23 坝体有限元网格剖分结果

在 Web 端通过 ABAQUS 有限元分析软件，对已完成有限元网格剖分的坝体模型施加正常蓄水位工况下的约束和荷载，以供后续对坝体进行 CAE 分析。坝体在线施加约束与荷载效果如图 6.1-24 所示。

图 6.1-24　坝体在线施加约束与荷载效果图

依据坝体体型参数化设计结果，结合不同分区的坝体填筑设计，对坝体不同分区的容重、黏聚力、摩擦角、泊松比等力学属性进行汇总分析。将坝体分区填筑材料的相关力学属性参数在 Web 端录入到 ABAQUS 有限元分析软件中，实现数据的实时对接。

针对坝体剖分结果，结合所设置的约束、荷载以及坝体不同分区的力学属性，利用 ABAQUS 对坝体在正常蓄水位工况下的强度和稳定性进行有限元计算，得到相应的强度和稳定性指标。

3. 坝体 CAE 分析反馈

根据坝体的强度和稳定性 CAE 分析结果，对坝体体型的关键几何参数进行修改完善，使得坝体的强度和稳定性指标达到最优，实现对坝体体型参数的反馈优化，最终确定出强度和稳定性相对最优的坝体体型。

该模块通过与 Web 端对接的 ABAQUS 有限元分析软件对初步拟定的坝体的强度和稳定性进行分析，针对强度和稳定性未达到要求的部位进行坝体体型的设计优化，适当调整坝体分层的高度、坝段的两岸开挖坡比以及坝肩开挖面的大小等坝体体型参数，以更好地满足坝体强度和稳定性要求。

通过坝体体型优化 BIM/CAE 集成分析，提高了分析结果对体型优化设计反馈的速度，提高了黄登水电站工程前期坝体外部体型设计的效率。同时，由于这种"参数化建模→CAE 分析→分析结果反馈→参数化建模→……"工作的高效性，黄登水电站工程坝体外部体型设计过程中，通过该系统对坝体外部体型进行多次分析优化，使坝体外部体型设计结果无限逼近于最优方案。

6.1.3.2 泄水建筑物水力学分析方案比选

本节分别对黄登水电站泄水建筑物五个典型方案（四孔初始方案、四孔调整方案、四孔再调整方案、"3＋2＋1"方案及"3＋2＋1"改进方案）的水力学情况进行分析。基于大型流体力学计算软件 Flow 3D，针对黄登水电站碾压混凝土重力坝泄水建筑物的五种方案进行水力学的数值模拟分析，主要研究水流流态、泄流能力、压力以及消力池水力特性，为工程设计提供科学依据，力求在预可行性研究、可行性研究阶段初步代替复杂的水工模型试验进行泄水建筑物设计方案的比选。各方案的泄洪建筑物布置情况见表 6.1－1。

表 6.1－1　　　　　　　　各方案泄洪建筑物布置情况

典型方案	泄洪建筑物布置
四孔初始方案	两侧的表孔采用一级直线边墙非对称窄缝坎进行消能，中间两个表孔采用微扩散坎消能
四孔调整方案	将四孔初始方案的 2 号表孔右侧、3 号表孔左侧改为 $R＝150m$、圆心角 $19.21°$ 的圆弧，2 号、3 号表孔之间的中隔墙取消，加上流线形墩尾，出口段溢流面俯角改为 $-30°$，出口宽扩散至 37.37m。两底孔工作门出口后底坡由 $-5°$ 增大至 $-6.7°$，出口段采用曲面贴角鼻坎
四孔再调整方案	将四孔调整方案 2 号表孔、3 号表孔出口段溢流面俯角改为 $-25°$
"3＋2＋1"方案	3 个表孔＋2 个底孔＋1 个泄洪洞，表孔中间孔窄缝消能，两边孔不扩散，出口俯角 $-25°$，泄洪底孔出口斜切异型挑坎消能
"3＋2＋1"改进方案	对"3＋2＋1"方案泄洪放空底孔出口进行调整；1 号、3 号表孔出口扩宽为 23.9m、俯角调整为 $-22°$

四孔初始方案表孔的两边孔为非对称窄缝消能，中间两孔微扩散消能，泄洪底孔微窄缝消能。四孔调整方案将四孔初始方案的两边孔改为对称窄缝，取消中间两孔隔墙，出口扩散并将俯角改为 $-30°$，两底孔出口改为曲面贴角鼻坎。四孔再调整方案将四孔调整方案中间两孔出口俯角改为 $-25°$。"3＋2＋1"方案表孔边孔不扩散，出口俯角 $-25°$，中间孔窄缝消能，泄洪底孔出口斜切异型挑坎。"3＋2＋1"改进方案将"3＋2＋1"方案两边孔扩散，出口俯角改为 $-22°$，并对底孔出口进行了调整。

1. 水流流态

各方案的水流流态分析汇总见表 6.1－2。

表 6.1－2 各方案的水流流态分析汇总

方案	分析
四孔初始方案	六孔泄水水流横向互不影响，无空中冲撞，所需消力池较宽
四孔调整方案	泄洪底孔水流向消力池中央挑射，与中间两表孔的出射水流相对应。所需消力池较窄。但中间两孔的水舌直接冲击到消力池坝趾处台阶，对坝趾造成危害
四孔再调整方案	泄洪底孔水流向消力池中央挑射，与中间两表孔的出射水流相对应。所需消力池较窄。中间两孔的出流流态较四孔调整方案好，不直接冲击坝趾
"3＋2＋1"方案	泄洪底孔出流与两边孔出流相对应，所需消力池较窄
"3＋2＋1"改进方案	泄洪底孔出流与两边孔出流相对应，所需消力池较窄

2. 泄流能力

各方案的泄流能力均满足要求，四孔初始方案的泄流能力偏小。详细信息见表 6.1－3～表 6.1－5。

表 6.1－3 四孔初始方案泄流能力结果

工 况	设计泄流能力/(m³/s)	泄流能力/(m³/s)							结论
		1号溢流表孔	2号溢流表孔	3号溢流表孔	4号溢流表孔	左岸泄洪底孔	右岸泄洪底孔	总泄流能力	
常遇洪水位	3440	—	—	2311	—	—	—	3586	满足要求
设计洪水位	11500	2311	2311	2311	2311	—	1188	11707	满足要求
校核洪水位	13959	2881	2881	2881	2881	1222	1222	13968	满足要求

注：常遇洪水位、设计洪水位工况总泄流能力计入了电站发电引用流量 1275m³/s。

表 6.1－4 四孔（再）调整方案泄流能力结果

工 况	设计泄流能力/(m³/s)	泄流能力/(m³/s)							结论
		1号溢流表孔	2号溢流表孔	3号溢流表孔	4号溢流表孔	左岸泄洪底孔	右岸泄洪底孔	总泄流能力	
常遇洪水位	3440	—	—	2365	—	—	—	3640	满足要求
设计洪水位	11500	2365	2365	2365	2365	—	1185	11920	满足要求
校核洪水位	13959	2963	2963	2963	2963	1205	1205	14262	满足要求

注：常遇洪水位、设计洪水位工况总泄流能力计入了电站发电引用流量 1275m³/s。

由表 6.1－3～表 6.1－5 可以看出：四孔初始方案的泄流能力不是很理想，虽然满足泄流能力要求，但超泄能力低。四孔（再）调整方案及"3＋2＋1"

改进方案的泄流能力均满足要求。

表 6.1-5   "3＋2＋1"改进方案泄流能力结果

工　况	设计泄流能力 /(m³/s)	泄流能力/(m³/s)							结论
		1号溢流表孔	2号溢流表孔	3号溢流表孔	泄洪洞	左岸泄洪底孔	右岸泄洪底孔	总泄流能力	
常遇洪水位	3440	—	2946	—	—	—	—	4221	满足要求
设计洪水位	11500	2946	2946	2946	—	1330	1330	12773	满足要求
校核洪水位	13894	3375	3375	3375	1260.4	1339.5	1339.5	14064.6	满足要求

注：常遇洪水位、设计洪水位工况总泄流能力计入了电站发电引用流量 1275m³/s。

3. 负压

各方案溢流表孔堰顶附近均有负压出现，但都满足规范要求。

4. 消力池水力特性

四孔初始方案：泄洪时消力池底板压力与静水压强基本一致，在常遇洪水位及设计洪水位工况，消力池底板流速最大值超过 15m/s，设计洪水位工况泄洪时，泄洪水流冲击右岸岸坡。

四孔调整方案：消力池底板压力与静水压强基本一致，由于泄洪水流冲击坝后高程 1466m 平台，在坝趾处形成漩涡，消力池底板各测点的流速值均较小。

四孔再调整方案：消力池底板压力与静水压强基本一致，校核洪水位工况坝横 0＋310.00 河床中央区域流速大于 15m/s。

"3＋2＋1"方案：消力池底板压力与静水压强相差不大，泄洪水流对坝横 0＋230.000～坝横 0＋270.000 范围内的 1 号和 3 号溢流表孔对应的消力池范围以及坝横 0＋310.000～坝横 0＋350.000 的 2 号溢流表孔对应的消力池范围冲刷影响较大，以上区域底板流速大于 15m/s。

"3＋2＋1"改进方案：消力池底板压力与静水压强相差不大，泄洪时消力池底板流速最大值为 6.4m/s，泄洪水流对消力池底板冲刷影响较小。

从消力池水力特性来看，只有"3＋2＋1"改进方案满足要求。

5. 泄洪洞

泄洪洞内水流在竖井内水体贴壁流动，不存在脱壁现象，竖井中下部水流流速达到 30m/s 左右，局部达到 36m/s，后部导流洞段内流速在 5m/s 左右。总体来说，泄洪洞泄流流态较好，泄流能力为 1260.4m³/s，满足设计要求。

泄洪洞底部平均压力为 29.1m 水柱，最大值为 37.1m 水柱，发生在竖井下方；右边壁平均压力为 24.8m 水柱，最大压力为 32.6m 水柱，发生在竖井下方附近；左边壁平均压力为 24.8m 水柱，最大压力为 32.6m 水柱，发生在竖井下方附近。

综上所述，目前的五个方案中，"3＋2＋1"改进方案消力池内水流流态相对较好，四孔方案流态略差，还需要进行更合理的体型改进。

6.1.3.3 泄洪建筑物体型优化

水电站工程勘测阶段坝体初步设计完成后，需要进行挡水坝段、泄水坝段、厂房坝段等各坝段的细部设计。黄登水电站工程勘测设计阶段对泄水坝段提出了多种设计方案，需要对各种方案进行论证。同时，针对选定的方案，还需进行优化设计。因此，泄洪建筑物设计过程中，采用大量的 BIM/CAE 集成分析，将 CAE 分析结果反馈至设计进行优化。

针对泄洪建筑物泄洪消能相关计算的复杂性、困难性、耗时耗力性，在黄登水电站工程勘测设计阶段，基于自主研发的泄洪消能模拟仿真平台，通过 Web 端参数化接口调整泄洪建筑物各项参数，同时利用 PHP 调用 Python 脚本，二次开发 Gambit 剖分软件和 Fluent 流态模拟分析软件，搭建泄洪消能建筑物参数化设计、流态模拟、BIM/CAE 分析一体化集成平台。平台实现了泄洪消能工参数化建模、模型自动分网、自动对流态进行模拟并生成分析报告指导泄洪消能工的设计等全套辅助功能。此外，平台简化了泄洪消能工 CAE 分析过程的方法步骤，降低了操作难度，提高了计算结果精度，省去了人工操作，大幅度提高了泄洪消能工的设计效率，降低了模拟过程中的时间成本和人力成本，达到了方便、快捷、高效地完成泄洪消能工优化设计的目标。

1. 泄洪消能建筑物参数化设计

参数化建模通过模型库建立及参数化的调整实现。首先建立包含基础泄洪消能工模型的模型库，再通过 Python 脚本对模型库中的模型进行调用并对关键几何参数进行参数化调整。

系统通过 Inventor 读取模型创建信息文件，创建坝体零件模型，确定装配约束轴和约束面，建立装配体并将零件加载入装配体中，自行拼接组合成完整的泄洪消能工模型。

由于网格划分和计算域的工作对象是流场模型，因此生成坝体模型后，可通过布尔减运算生成流场模型，并自动按照上述步骤完成流场区域的装配。建立好的模型导出为用于分网的 ASCI 格式模型和用于可视化查询的 IFC 格式模型。

2. 泄洪消能工 BIM/CAE 分析一体化

对于泄洪建筑物来说，即使粗略划分，在能够符合计算条件的情况下，每

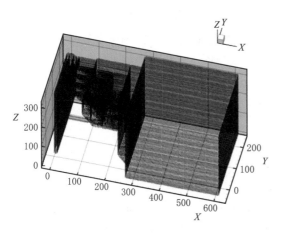

图 6.1 - 25 流道网格剖分结果

个模型文件划分的网格也都超过 10 万个。对于大量需要划分网格（以下简称"分网"）的模型，采用传统的人工分网方式显然是不现实的。因此，在项目中采用自主开发的自动分网系统进行分网，降低分网所需要的时间和人力成本。图 6.1 - 25 为流道网格剖分结果。

泄洪建筑物模型自动分网技术基于对 Gambit 的二次开发实现。整个分网系统的主要算法通过 Python 编写，用于处理模型信息、修改 Journal 模板文件以及管理网格文件。分网过程在云端服务器中进行，大幅度降低了分网运算所需的时间。同时，泄洪建筑物模型从云端调用，并将运算后得到的网格文件上传至云端服务器，提高了文件调取的速度并降低了文件管理的难度。

多方案流态模拟批量自动化技术基于对 Fluent 的二次开发实现，达到自动批量化模拟并对模拟结果进行分析。计算采用 VOF 两相流模型和 k - ε 紊流模型。模拟可以根据需要生成水流流态云图、水流流速云图、坝体应力云图等多种云图，同时生成项目文件和数据文件。图 6.1 - 26 为系统内的泄洪模拟界面。

图 6.1 - 26 泄洪模拟界面

模拟结果文件通过 Tecplot 进行后处理。使用 Python 编写的可执行程序完成关键点数据的提取、云图细化、关键截面云图生成等。关键点数据主要包括该点的应力、水汽比、流速等。系统将上述数据上传至云端数据库中，通过后台算法进行处理，并根据处理结果生成模拟结果报告。

6.1.3.4 混凝土重力坝设计合理性整体校核

为保证施工阶段工程的顺利进行及坝体运行的安全性和稳定性，需要针对混凝土重力坝设计的合理性进行整体校核。

黄登水电站工程勘测设计阶段末期，利用整个勘测设计阶段获得的丰富的地形地质资料及坝体设计资料，整合装配形成了枢纽区整体模型，如图 6.1-27 所示。利用 BIM/CAE 手段，从数据库中提取工程相关参数，并将从模型库中获取到的地质模型与坝体模型组合为整体模型，进行整体精细化校核。

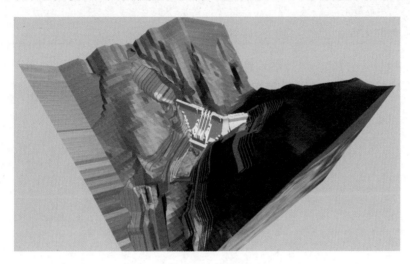

图 6.1-27 地质坝体结合整体模型

勘测设计阶段所有数据均保存在数据库中并与 BIM 模型相关联。整体校核需要的大量工程参数可通过系统自动获取。每个 BIM 模型都具有唯一标识符（GUID），数据库中的数据根据 BIM 模型的唯一标识符与 BIM 模型绑定，通过模型的唯一标识符，可自动匹配获取数据库中的大量数据。这种数据获取的方式具有获取速度快、传输过程中数据保留完整、获取到的数据针对性强等特点，省去了大量的人工操作，节省了人力成本和时间成本，大幅度提高了 CAE 分析的效率。

获取到的数据经过系统的二次解析，可直接转化为 CAE 分析所需的力学参数（表 6.1-6 和表 6.1-7），从而指导 CAE 分析。

利用这些获取到的参数进行混凝土重力坝整体 CAE 分析，以研究不同设计方案下黄登水电站工程坝体的应力应变、渗流等情况，应力分析如图 6.1-28 所示。

表 6.1-6 坝体混凝土力学参数指标

混凝土编号	分类	强度等级	级配	静态弹性模量/(N/mm²)	静态抗压强度标准值/MPa	泊松比	容重/(kN/m³)
R1	碾压混凝土	$C_{90}25$	三级配	2.8×10^4	16.5	0.167	24.0
R2	碾压混凝土	$C_{90}20$	二级配	2.55×10^4	13.2	0.167	24.0
R3	碾压混凝土	$C_{90}15$	三级配	2.2×10^4	9.9	0.167	24.0
R4	碾压混凝土	$C_{90}25$	二级配	2.8×10^4	16.5	0.167	24.0
R5	碾压混凝土	$C_{90}20$	二级配	2.55×10^4	13.2	0.167	24.0
C1	垫层常态混凝土	$C_{90}25$	三级配	2.8×10^4	16.5	0.167	24.0
C2	大坝常态混凝土	$C_{90}20$	三级配	2.55×10^4	13.2	0.167	24.0
C3	结构混凝土	$C_{90}25$	二级配	2.8×10^4	22.4	0.167	25.0
C5	结构混凝土	$C_{90}30$	二级配	3.0×10^4	26.2	0.167	25.0

表 6.1-7 各坝段坝基基本地质参数

坝段	坝基抗剪断参数		岩基变形模量/GPa	泊松比	坝基岩体承载力/MPa
	f'	C'/MPa			
1	1.0	1.0	10	0.25	8.0
2	1.0	1.0	10	0.25	8.0
3	1.0	1.0	10	0.25	8.0
4	-1.1	1.0	12	0.25	8.0
5	1.1	1.0	12	0.25	8.5
6	1.15	1.05	12	0.25	8.5
7	1.15	1.05	12	0.25	8.5
8	1.15	1.1	11	0.25	9.0
9	1.15	1.1	11	0.25	9.0
10	1.10	1.0	10	0.25	9.0
11	1.10	1.0	11	0.25	9.0
12	1.10	1.0	11	0.25	9.0
13	1.15	1.1	11	0.25	8.5
14	1.15	1.1	11	0.25	8.5
15	1.1	1.0	10	0.25	8.0
16	1.0	1.0	10	0.25	8.0
17	1.0	1.0	10	0.25	8.0
18	1.0	1.0	10	0.25	8.0
19	1.0	1.0	10	0.25	8.0
20	1.0	1.0	10	0.25	8.0

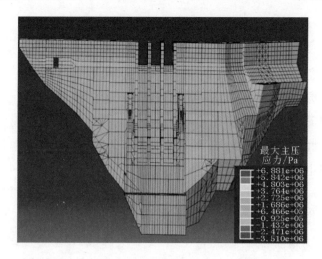

图 6.1-28　坝体上游最大主压应力云图

对该设计方案整体校核结果进行分析，认为该设计方案可行性强、安全稳定性高，可以正式投入施工。

确定方案可以正式投入施工后，利用 BIM 模型精细度高、可直接剖切出图的特点，完成批量化的施工图出图，大幅度提高了出图速度，保证了图纸的精细化程度，保证了施工的顺利进行。

6.2　建设阶段枢纽 BIM/CAE 集成分析

建设阶段由于专业间结合的冲突或突发的工程情况，需要对设计图纸进行修改。同时，为满足建设阶段施工的安全性和施工优化的要求，需要对实时更新的工程信息进行统一分析。因此，在建设阶段应用 BIM/CAE 集成分析是很有必要的。

黄登水电站工程在施工过程中，针对图纸和施工方案修改，利用 BIM/CAE 集成分析技术对修改后的方案进行校核，同时，分析结果也反馈指导施工进一步优化。针对施工中不断获取到的监测数据，在施工过程中利用 BIM/CAE 技术对边坡、围岩等结构的安全性和稳定性进行实时分析，保障施工安全进行。

本节以黄登水电站工程建设阶段的部分应用为例，说明建设阶段 BIM/CAE 集成分析的应用。

6.2.1　建设阶段 BIM 模型建立

建设阶段 BIM 模型建立分为两种：①由于图纸变更而产生的模型修改；②由于工程资料的丰富而产生的模型深化。根据不同情况，BIM 模型建立的方式也不同。

1. 建设阶段模型修改

建设阶段随着地质开挖的进行，逐渐获取到更多的地质信息。同时，工程建设阶段会出现原设计图纸在实际施工过程中无法使用的情况，需要对设计图纸进行调整，因此需要进行模型修改。由于工程建设阶段通常不会对图纸做出过大的改动，因此工程建设阶段的 HydroBIM 建模主要是针对施工中遇到的问题，在原模型上进行修改。

规划设计阶段建立的模型全部存放于模型库中，模型文件的存放地址保存于数据中心的数据池中，可直接通过模型库管理功能提取下载之前版本的模型。由于在设计规划阶段模型通常会经过多次修改，这种方式保证了每一个版本的模型都可以得到系统化的管理，可以随时获取到之前创建的模型，提高了模型建立和修改的效率。在获取到原模型后，对需要修改的部分进行修改，修改后的模型具有原模型中直接绑定的数据信息。根据获取到的模型的建筑物类型、所属区域、模型编号等信息，与模型进行匹配，并通过唯一标识符进行关联，从而使修改后的模型继承原模型的全部工程信息。通过这种方式完成的模型更新，具有建模工作量小、更新速度快、信息保留完整等优势。

黄登水电站工程建设过程中，使用这种方式完成了大量的设计模型变更。变更的模型通过 CAE 分析对其进行校核，并依据分析成果反馈指导施工，优化施工方案。

2. 建设阶段模型深化

随着建设阶段逐步推进，工程资料也实时更新。为保证 CAE 分析结果符合当前情况，必须保证 CAE 分析所用的参数与当前施工情况相匹配。这就要做到 BIM 模型数据实时更新。

由于工程建设阶段数据量大、更新速度快，因此采用数据中心对数据进行统一管理，并通过 BIM 模型关联数据中心的方式来提取数据。黄登水电站工程施工建设过程中，地质模型的更新主要采用这种方法。随着地基的开挖，更多地质信息被获取，新的地质信息实时传入数据库，建模人员从数据库中提取地质信息，进行地质模型的深化。深化的地质模型可以与枢纽模型相结合，进行 CAE 分析反馈，更好地指导施工。

6.2.2 建设阶段 CAE 分析业务种类

建设阶段的 CAE 分析主要有两种：①随着工程实施，工程信息逐渐丰富，需要根据新的工程信息对原有设计进行校核优化；②为保证施工安全进行，在施工过程中根据监测数据实时进行 BIM/CAE 分析，及时解决安全隐患。

建设阶段的主要应用包括洞室围岩稳定分析、边坡安全稳定分析、实时坝体安全稳定复核。

（1）洞室围岩稳定分析主要针对洞室开挖过程中的围岩力学特性进行实时分析，分析内容主要包括围岩应力、围岩变形等。分析结果实时反馈至设计和施工人员，帮助其预先对可能出现的工程事故进行防范，采取加固围岩等工程措施。

（2）边坡安全稳定分析主要针对边坡开挖过程中的边坡稳定性进行实时分析。随着边坡开挖的逐渐开展，边坡岩体结构更多地暴露出来。边坡稳定针对获取到的大量岩体结构信息，对边坡的安全系数进行评价，并依据获取到的信息提供更优的边坡施工方案指导施工，提高施工过程中边坡的安全性。

（3）为保证工程建设正常开展，建设完成后的坝体能正常投入运行，需要采用数据库中获取的新的地质信息对坝体进行多次安全稳定复核，保证坝体的安全稳定。对于分析中出现的薄弱区域，在进行分析论证后决定是否需要采取措施、采取什么措施。

6.2.3 建设阶段 BIM/CAE 集成分析应用效果

HydroBIM 模型可以起到衔接工程项目不同阶段的作用，如图 6.2-1 所示。在工程建设阶段，在黄登水电站 HydroBIM 模型基础上，开展 HydroBIM 施工应用研究，研发了"智慧黄登"平台，发挥了 HydroBIM 模型在施工仿真、安全监测、质量管控等领域的巨大作用，加强了施工过程的信息化管理，为黄登水电站工程建设难点提供了解决方案，为建立高质量的水电工程提供了强大的技术支持。

图 6.2-1　黄登水电站 HydroBIM 模型的衔接作用

大坝施工管理信息化系统以黄登水电站 HydroBIM 模型为基础，针对大坝施工各环节的质量控制、施工期温度过程控制、基础灌浆质量控制，以及应力、变形控制等指标建立实时智能监控系统。用于控制施工温度的智能化自动通水冷却控制系统如图 6.2 - 2 所示。在控制指标超出设定的预警指标时，可实时向相关人员发出警报，以及时发现现场施工存在的问题，进而提出具体的解决方法，保证大坝混凝土施工质量。

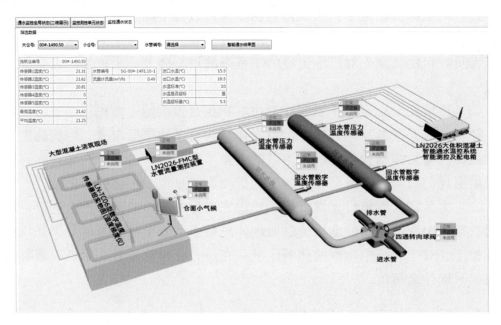

图 6.2 - 2 用于控制施工温度的智能化自动通水冷却控制系统

对建筑物进行 BIM/CAE 集成分析的结果如图 6.2 - 3 所示，评价建筑物施工部位的安全性，与大坝施工管理信息化系统结合，对施工部位采取优化措施。

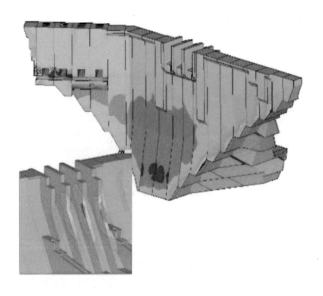

图 6.2 - 3 BIM/CAE 集成分析结果

此外，水工、施工专业协调配合，利用平台中的 CAE 分析软件对进水口坝段侧向稳定进行三维有限元分析，对进水口坝段浇筑工序进行研究，优化关键线路工期 6 个月，为工程提前发电创造了条件，受到业主方的广泛好评。

6.3 运行维护阶段 BIM/CAE 集成分析

在运行维护阶段，随着坝体运行时间的增加，会出现侵蚀等不良条件影响坝体正常运行的现象。同时，大规模降雨引发的洪水等突发情况也需要及时分析，并利用分析结果指导方案设计。

黄登水电站工程运行维护过程中，针对正常运行期和突发不利条件影响下的坝体安全性进行分析，为正常运行条件下的风险预测和不利条件影响下应对方案的制定提供了指导。

本节以黄登水电站工程运行维护阶段的部分应用为例来说明此阶段 BIM/CAE 集成分析的应用。

6.3.1 运行维护阶段 BIM 模型建立

大坝运行维护阶段的 BIM/CAE 分析主要对正常和非正常条件下枢纽的安全性进行评判。针对突发情况，为保证及时获得分析结果，提升 BIM 模型的建立速度是重中之重。同时，运行维护阶段具有监测仪器多、监测数据量大的特点，将数据信息直接添加至模型中显然是不合理的。因此，在运行维护阶段，BIM 模型的建立主要采用原有模型动态关联数据库的方式。监测仪器监测到的数据实时传入数据库，通过仪器的唯一标识符（仪器编号）和仪器位置信息与枢纽模型进行动态关联。模型通过其唯一标识符（GUID）实时获取数据库中的信息用于 CAE 分析。

在运行维护阶段，监测仪器主要包括：测缝计、多点位移计、测压管、压应力计、多向应变计组、钢筋计、锚杆测力计组、锚索测力计、水库水位计、水库温度计、应变计、温度计等。仪器获取到的数据通过安全评级及预警系统进行管理、整编。图 6.3-1 为监测数据图表输出展示。

基于 HydroBIM 的可视化平台提供监测数据的可视化查询（图 6.3-2），为管理人员开展管理工作及相关人员制定运维方案提供依据。

6.3.2 运行维护阶段 BIM/CAE 集成分析应用效果

运行维护阶段进行 CAE 分析的主要目的是保证枢纽正常运行以及对监测

图 6.3 - 1 监测数据图表输出展示

图 6.3 - 2 监测数据可视化查询

数据异常点进行排查和处理，主要进行边坡稳定分析、水流流态分析、坝体应力应变分析等。同时，针对非正常条件下的情况（如大规模降雨等）可进行紧急校核分析，并依据分析结果进行应急处理。下面以黄登水电站运行维护阶段应用的典型 BIM/CAE 集成分析为例，对运行维护阶段 BIM/CAE 的实际应用及应用效果进行简要说明。

以 BIM/CAE 集成分析为核心的黄登水电站运行维护阶段坝体安全评价系统，定期对运行过程中的坝体安全进行模拟分析，并在非正常工况下进行紧急模拟分析，保障大坝在运行维护阶段的安全稳定。运行维护阶段坝体安全评价系统主要包含以下功能：

（1）运行维护阶段坝体上布置的多种监测仪器将数据实时传入数据库，并通过系统进行自动整编、插补、抽取和分析，绘制出监控数据图（图 6.3-3）。具体系统数据插补功能页面如图 6.3-4 所示，再依据系统中建立的灰色理论模型和神经网络模型预测下一时间段坝体的运行参数，灰色理论模型分析功能页面如图 6.3-5 所示。

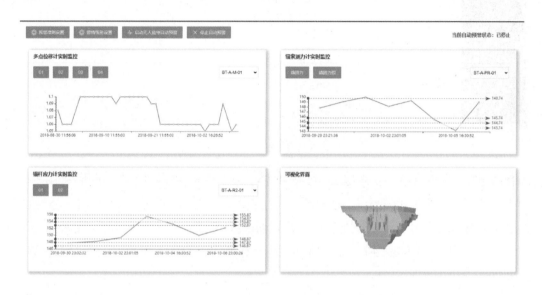

图 6.3-3 监控数据图

图 6.3-4 数据插补功能页面

（2）预测得到的数据将实时存入数据库中，用于查询及 CAE 分析。根据预测得到的数据，基于 BIM/CAE 集成分析技术，对坝体下一段时间内的安

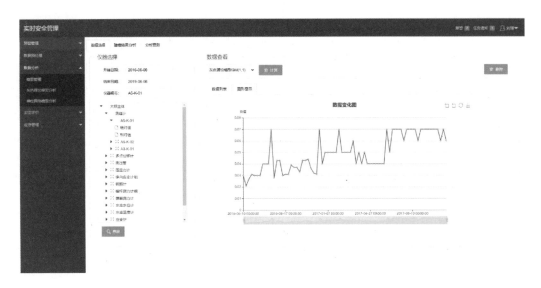

图 6.3 - 5 灰色理论模型分析功能页面

全指标进行评价预测。黄登水电站坝体运行维护阶段 CAE 分析采用基于 BIM 的大规模精细化和全尺度分析。这种分析方法保证了坝体上每一个监测仪器在有限元模型上都有对应的节点，真实地模拟了坝体不同运行条件下的应力应变，不仅能够达到传统的有限元分析效果，而且能够用于时域中的动态参数安全评价。

BIM/CAE 大规模精细化和全尺度分析应用了 BIM/CAE 集成"桥"技术与精细化网格加密技术进行数据传输和网格划分。BIM/CAE 集成"桥"技术已在 5.2.3 节做了详细介绍，此处不再赘述，下面具体说明局部精细化网格加密技术。

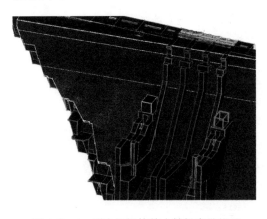

图 6.3 - 6 重力坝坝体放大精细离散模型

三维大规模全尺度精细化模型在剖分网格后，由于单元尺寸的非一致效应，往往会影响数值分析结果的精确性，这就要求对模型进行局部精细化网格加密。网格加密技术是基于 Hypermesh 中自带的 Tcl/Tk 脚本语言来实现的，依托该技术对黄登水电站工程中关键部位进行局部精细化网格加密，自由度达到亿级（表 6.3 - 1），使得分析结果更趋向于真实。重力坝坝体放大精细离散模型如图 6.3 - 6 所示。

图 6.3 - 7 和图 6.3 - 8 为坝体上游最大主应力和坝体下游顺河向位移。

表 6.3-1　　　　　重力坝三维整体有限元计算模型信息表

模　　型	单元数/个	节点数/个
坝体部分	9321500	12047500
地基部分	11652750	10812500
总和	20974250	22860000

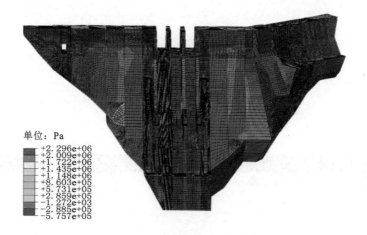

单位：Pa

图 6.3-7　坝体上游最大主应力

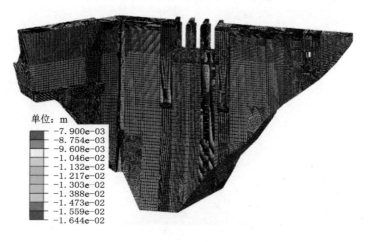

单位：m

图 6.3-8　坝体下游顺河向位移

（3）系统中相关规程预设了警情阈值，当发现坝体分析所得的数据超过警情阈值，将自动进行安全预警。同时系统中预设了不同警情下的应急预案，当出现相应等级警情时，系统将根据预案发布警情并在线通知相关人员采取应急措施。应急预案管理和应急处置记录页面如图 6.3-9 和图 6.3-10所示。

图 6.3－9 应急预案管理页面

图 6.3－10 应急处置记录页面

第 7 章

土石坝 BIM/CAE 集成分析实践

7.1 勘测设计阶段 BIM/CAE 集成分析

针对土石坝工程枢纽布置的特点，勘测设计阶段 BIM/CAE 集成分析将从 BIM 模型的建立、CAE 分析业务种类、BIM/CAE 集成分析应用效果三方面进行说明，重点解决土石坝 BIM/CAE 应用壁垒问题，并给出 BIM/CAE 集成分析的相关应用案例，为后续相关工程施工提供借鉴。图 7.1-1 为枢纽布置 BIM/CAE 集成分析总体流程图。

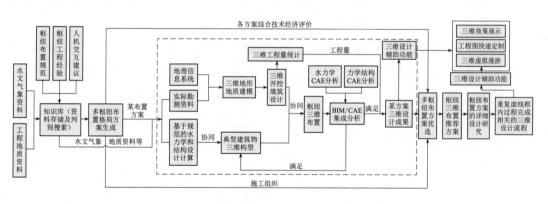

图 7.1-1　枢纽布置 BIM/CAE 集成分析总体流程

7.1.1 勘测设计阶段 BIM 模型建立

对于水利水电工程而言，勘测设计阶段主要涉及枢纽工程 BIM 模型不断完善以及地质 BIM 模型的逐步精细化构建等，需严格按照标准化、规范化的要求建模，保证模型的适用性以及附加信息的集成性，为 BIM/CAE 集成分析及各项工作提供原始模型及数据支持。

下面以糯扎渡水电站工程为例，按照土石坝勘测设计阶段 BIM 模型整体设计流程进行详细阐述。

1. 坝址及坝型方案比选

在预可行性研究阶段前期，根据已获得的地质勘探成果，初步认为工程上、下两个坝址的地质条件能适应建设高混凝土重力坝和土石坝两种坝型。因此需要在上、下游两个坝址同时开展两种基本坝型的枢纽布置研究。同时，通过参数化建模方式对高混凝土重力坝方案及土石坝方案进行初步建模设计，在建模过程中通过集成装配式构件的方式快速搭建坝体整体 BIM 模型，并根据相应参数调整对应 BIM 模型尺寸，实现模型的高效快速整合创建。

装配式 BIM 模型的组成结构为树状层次结构，由多个子组件模型和构件组成。每个子组件模型由下一级子构件模型和构件组成，直到最后一级。枢纽 BIM 模型参数化装配的优点是：一方面可以对各个组件进行三维参数化设计，根据指定的组件尺寸参数搜索匹配的组件模型；另一方面也支持直接生成组件的三维模型，并将生成的组件存储至 BIM 模型构件库中以便后续直接取用。

参数化实体造型技术体现了参数化设计的深度作用。它通过对定义进行约束和对三维实体模型进行修改，实现参数化设计的目的。约束分为尺寸约束、拓扑约束和其他附加约束，设计中需要考虑的所有因素都反映在这些约束中。参数化设计中的参数集与这些约束保持联系。当设计者修改参数集时，必须先满足这些约束条件，然后输入修改后的参数，在这个过程中不需要建立新的约束关系即可得到新的几何模型。

为了实现参数化模式下的实体，需先对模型进行精细的几何构形分析，将复杂的模型拆解，得到一些构造简单的三维模型。对于这些简单的模型，通过几何构型分析提取出一组能够完全控制模型属性的参数。这些参数包括基本体积元素的类型、形状设置、位置和其他相关信息，然后依据这些参数建立简单三维实体的参数化模型。

两种坝体设计方案模型建立完成后，与上、下两个坝址的地形，地质信息，水文，气象信息进行整合，通过数据接口调取 CAE 分析软件进行结构计算分析，并校核不同方案的整体效果，最终选定下坝址土石坝方案为最优方案。

2. 坝体心墙型式比选及分区优化

土石坝方案确定之后，需对坝体 BIM 模型进行进一步优化。针对土石坝心墙型式及分区情况，选定直心墙和斜心墙两种方案。首先从地形、地质、枢纽布置、坝体及坝基渗流、坝坡稳定性、坝体应力和变形、坝体动力反应和抗震能力等诸多方面整理资料信息；然后分别将数据添加至 BIM 模型中，对两种不同心墙方案的坝体 BIM 模型进行模型转换并剖分网格，使之适应不同 CAE 分析的需要；最后通过数据接口将其传输至 CAE 分析软件进行各类结构分析计算。通过分析两种心墙型式对坝体整体稳定及可靠性的影响，最终决定采用直心墙方案。两种心墙方案对比如图 7.1 - 2 所示。

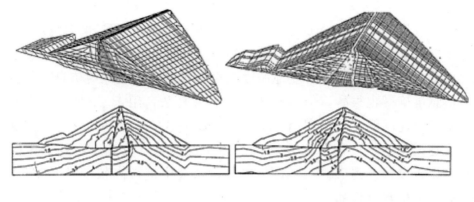

　　　　　　（a）直心墙方案　　　　　　　　　　　　（b）斜心墙方案

图 7.1 - 2　心墙方案对比

　　坝体分区优化采用静动力计算方式，分区方案主要包括：心墙 4 种分区方案、上游堆石坝壳料 8 种分区方案、下游堆石坝壳料 3 种分区方案。对比分析时应分别计算相应方案的稳定性情况，并将静力、抗震等分析结果进行提取分析，将数值和分析云图分别储存在不同数据库中，通过节点信息、单元信息、节点结果信息表建立 BIM 与 CAE 计算结果之间的视图关系，实现 CAE 数据在 BIM 模型基础上的集成与反馈。结合 BIM/CAE 集成分析下的参数化驱动特点完成快速反应与修改，以此来完善土石坝 BIM 模型中不同坝料的分区设计，促进模型的不断优化调整。通过多次分析计算，将对后期施工更加有利的坝体分区方案作为最终方案。

　　3. 地形、地质模型构建

　　水利水电工程局部枢纽的布置需要高精度地形、地质信息，然而，大部分工程所处位置的地形地质条件较为复杂，各种构造交错，这给地形地质信息的获取带来了一定的难度。传统的分析和展示方法局限于二维平面的情况，不利于深入分析地质情况。糯扎渡水电站工程通过将多源、多维、大量的数据信息进行整合，以三维建模的方式在可视化环境下进行地质实体模型的布设，并在模型中附加各种地形地质等关键性特征信息，实现了枢纽布置区域地形地质情况的全方位展示。

　　糯扎渡水电站工程深入总结国内外相关优秀经验，基于 GIS 技术和各类地质建模软件，形成了成套的地质建模新技术、新方法。糯扎渡水电站工程在充分考虑枢纽区地形地质、断层、基岩的前提下，凸显出主要地质问题，对一些较为普通的地质情况进行弱化处理，以便更加适用于地质模型的建立。与此同时，在建模过程中，将 BIM/CAE 集成应用考虑进去，使地质模型的建立符合后期结构分析计算的需要，为计算结果的可靠性提供了基础模型数据的支持。

水电行业广泛采用的地形地质表达形式主要是曲面模型和实体模型，而曲面模型不能附加属性信息，这显然不能满足结构分析的需要。同时，虽然一些先进的地质软件输出的水电行业地质模型可以表达地形、地貌信息，所选区域的地质信息准确度也很高，但模型本身却非常复杂，用于 CAE 分析是非常困难的。基于上述问题，工程利用基于 Civil 3D 平台的地质构造理论，建立了精细化三维地质模型。该模型修改过程中不仅可以充分考虑地质约束条件的限制，还可以直接输入到 BIM/CAE 集成分析系统中进行高精度 CAE 分析。地质实体模型的构建过程如下：

（1）地质实体模型空间范围的拟定。三维地质模型的范围一般采用六种限制性数据确定，即 E_{max}、E_{min}、N_{max}、N_{min}、H_{max} 和 H_{min}（EW、SN 和高程的最大值和最小值）。为了确定这些数据，需要充分考虑枢纽工程布置区域的空间分布，将地形矢量数据通过数据接口导入选定的三维设计平台，使用空间矩形框架结构将枢纽建筑物的总体范围包括在内。利用矩形框架的边界确定 E_{max}、E_{min}、N_{max}、N_{min}。同时，基于对岩体地质年代分布、地质构造及枢纽布置要求的考虑，确定最大高程值和最小高程值。当高精度实体模型在平台中生成后，设计人员可通过输入基本厚度的参数值确定 H_{max} 和 H_{min}。

（2）地质数据读入及预处理。考虑到三维地质模型适合作为 CAE 分析的主要目标，在实际地质数据的预处理中，有必要对地质数据进行异常数据剔除和理想化处理。从谷歌地球（Google Earth）上读取地表信息，通过布尔运算消除模型范围外的冗余空间矢量数据。

（3）地层建模。在地质资料预处理的基础上，利用选定的三维设计平台生成三维实体模型，以各层、各岩性界面的空间矢量数据为目标面，并根据其空间分布进行编号。相邻的层状构造地层一般有三种接触关系：整体接触、角度不整合接触和平行不整合接触。从空间几何角度看，相邻地层之间一般有四种空间关系：包体关系、覆盖关系、交叉关系和多层交叉关系。工程采取布尔减运算和叠加方法来缝合地层间的结构面。以 T1 组上界面生成的三维实体模型作为被动体（三维实体模型底面高程与地层界面底面高程相同），以其他地层界面为目标面的三维实体模型作为被动体，依次对被动体进行布尔减运算，得到 T1 地层的地质实体模型。然后根据编号顺序依次执行实体之间的布尔运算来消除体积重叠。各层模型形成后，根据各层界面的组合关系对各层模型进行叠加，从而得到相邻层间正确的拓扑关系和三维地质整体模型。

（4）断层等地质构造建模。一方面，通过区域地质情况的勘测调查获取详细地质资料；另一方面，也可以通过钻孔等手段获取剖面的地质数据信息，通过合适的建模平台构建两个空间上相对的断层面，经过尖灭、边界约束等处理过程后，可以形成较为合理可靠的空间断层面。由于后期模型需要进行 BIM/CAE 集成分析，所以需在模型处理过程中对网格进行必要的划分，对边界约束、尖灭进行处理，减弱其对枢纽布置方案分析的影响，通过该断层面与体进行合理的布尔运算得到完整的断层体结构。最终生成的三维地质模型不仅可以作为枢纽布置的地质约束条件，也为枢纽工程全生命周期管理提供了基础性的 BIM/CAE 集成分析原始数据。

图 7.1-3 给出了适用于 BIM/CAE 集成分析的三维地形、地质 BIM 模型。

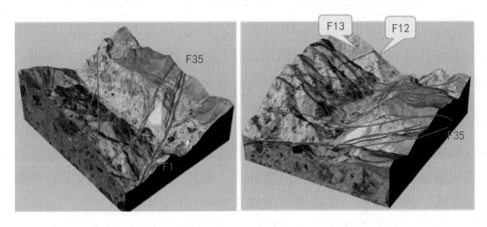

图 7.1-3 适用于 BIM/CAE 集成分析的三维地形、地质 BIM 模型

4. 坝基开挖及坝体进一步优化

在土石坝 BIM 模型及枢纽区地质模型建立完成的基础上，对两种 BIM 模型进行整合，形成枢纽区三维统一 BIM 模型，如图 7.1-4 所示。统一 BIM 模型为设计分析人员提供了更加直观的枢纽区三维地质信息展示，方便其对坝体 BIM 模型进一步优化并完成初步开挖设计及填筑设计。

枢纽三维开挖设计涉及在已构建的三维地质模型上进行各种地质应用分析，因此常常涉及大量体与体之间的交、差、并等运算。实体间的交、差、并等运算称为布尔运算，是实体造型系统中构造带有侵入、交错关系的实体最基本的操作之一，也是各种空间分析的基础。

与三维地形、地质相关的布尔运算是对包含三角形网格面在内的所有实体面进行求交运算，然后通过碰撞检测对检测出的包含三角形网格面在内的所有实体面求取交线，对每个带有交线的面进行相应的重新划分，在划分后需要根

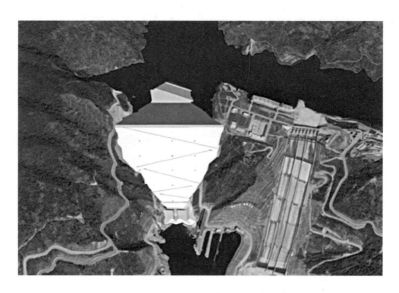

图 7.1-4 枢纽区统一 BIM 模型

据新生成面（包含三角网格面）相对另外一个体的体内或体外进行分类，并将多类面（包含三角网格面）按照不同布尔运算要求重新组合成新的闭合体。

上述碰撞检测的作用是快速判断实体是否相交，目前较为经典的方法是包围盒法，即对每个实体附加一个包围盒，通过快速比较这些盒子的交叠情况，就可以迅速剔除那些不相交的物体，从而避免许多不必要的复杂运算，提高布尔运算的速度。此外，通过降低维数操作，把三维的布尔运算问题转化为二维的平面问题，能够提高布尔运算的速度及效率。

将完成开挖设计的地形和地质模型与原三维地形或地质模型做布尔运算即可以得到真实的开挖体。通过对开挖体进行体属性查询即可得到准确的三维开挖工程量。此外，通过不同高程剖面对开挖体进行剖切，能够完成分期工程量的统计。利用上述原理还可以完成三维填筑的设计及优化，不断深化 BIM 模型的应用。

5. 溢洪道 BIM 模型构建

勘测设计阶段需进行溢洪道水力学计算、溢洪道方案比选和水力学条件优化。工程采用 Fluent 软件进行 CAE 分析，在计算之前需根据 BIM 模型构件库及参数化建模方式建立溢洪道 BIM 模型，步骤为：首先根据布尔运算，通过参数化搭建方式建立流道 BIM 模型；然后通过构件整合模式将流道模型与溢洪道模型整合；最后通过网格剖分及转换接口等方式生成支持 CAE 分析的三维实体模型，以便于进行溢洪道泄流分析。

6. 枢纽区整体 BIM 模型完善

完成上述各部分建模工作并逐项对业务进行 CAE 分析之后，需对枢纽区各类 BIM 模型进行完善优化和深化设计，使之成为完整可靠的整体枢纽区 BIM 模型，并能在勘测设计阶段进行最终 CAE 分析校核，确保勘测设计阶段的各类 BIM 模型能适应枢纽区整体地质条件及水力学特征且不出现碰撞问题，保证施工及运行维护过程中的整体稳定性和经济性。

7.1.2 勘测设计阶段 CAE 分析业务种类

勘测设计阶段主要是利用三维统一 BIM 模型中的附加信息对土石坝应力、位移、渗流、抗震等进行 CAE 结构应力及稳定性分析。CAE 分析业务种类见表 7.1－1。

表 7.1－1 CAE 分 析 业 务 种 类

典型建筑物	CAE 分析内容			
	结构设计	相应软件	水力设计	相应软件
土石坝	渗流计算	GEO－SLOPE/W	—	
	边坡稳定分析	GEO－SLOPE/W		
	沉降与应力计算	ADINA		
	抗震设计	ABAQUS		
溢洪道	应力计算	ANSYS	泄流计算	Fluent
	抗滑稳定分析		高速水流计算	

7.1.3 勘测设计阶段 BIM/CAE 集成分析应用效果

勘测设计阶段涉及大量 CAE 结构分析内容，如果依靠传统方式进行结构分析，在保证结构分析可靠性的情况下会耗费大量时间，同时也不利于各专业之间的协同工作，将大大影响设计工作的效率，与当前信息化背景下水利行业快速发展的要求不符。因此，需要采用 BIM/CAE 集成分析模式，将 BIM 模型与 CAE 有机融合，通过数据接口进行信息的有效互通传递，使 CAE 结构分析与 BIM 三维可视化模型有机结合，对枢纽及地质整体三维情况进行全方位的合理性及稳定性评价分析，从而快速得到计算结果并及时反馈指导修改完善已有方案。以下选取糯扎渡堆石坝工程勘测设计阶段部分 BIM/CAE 分析实例进行详细论述。

1. 坝体方案比选及三维数值仿真模拟

如上所述，在建立坝体三维 BIM 模型后，需将三维统一 BIM 模型转换为 CAE 分析软件支持的格式，并进行相应的分析工作。图 7.1－5 为心墙堆石坝方案与重力坝方案的可视化仿真比选。

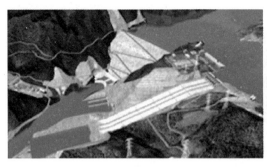 

（a）心墙堆石坝方案 （b）重力坝方案

图 7.1 - 5 心墙堆石坝方案与重力坝方案的可视化仿真

工程针对心墙堆石坝进行了三维静动力数值仿真分析，为选定心墙型式提供了重要支撑。应力分析过程中，对糯扎渡高心墙堆石坝进行了二维和三维的应力变形非线性有限元计算分析，着重研究和分析了在坝体不同材料的交界处（心墙土料和过渡料以及在基岩和坝体间）设置接触面单元对坝体应力和变形计算结果的影响。根据不同的研究目的，进行二维和三维有限元计算分析，模拟坝体的施工和运行过程。

二维计算的重点在于考察接触面单元的设置以及不同接触面本构模型对坝体整体和局部应力及变形状态的影响，考虑四种方案：①不设接触面单元；②设置刚塑性模型接触面单元；③设置理想弹塑性模型接触面单元；④设置Clough - Duncan 非线性模型接触面单元。

三维计算侧重于考虑在坝体材料和基岩间设置接触面单元时对坝体应力和变形计算结果的影响，采用两种计算方案：①不在坝体材料与基岩间设接触面单元；②在坝体材料与基岩间设置接触面单元，接触面本构关系采用 Clough - Duncan 非线性模型。

二维计算结果表明，设置接触面单元以及采用何种接触面模型对坝体总体的应力和变形计算结果的分布规律并无显著影响，但对接触面附近局部应力和变形的计算结果却有相当大的影响。当在两者之间采用接触面单元时，可以模拟发生在堆石体和心墙接触界面上的位移不连续现象，从而比较合理地反映堆石体对心墙拱效应的影响，并会使得心墙表面单元的竖直应力增加，这种方法与接触面单元采用三种本构模型计算得到的心墙和堆石体接触面不连续的竖直沉降分布规律基本相同。

三维计算成果分析表明，在坝体材料和基岩间设置接触面单元后，接触界面部位出现了竖直沉降、横河向水平位移不连续现象，其影响范围在接触界面附近一定范围内，降低了基岩对坝体材料的约束作用，使得坝体整体位移增大，这对于横河向的水平位移影响最为显著。此外，对坝体变形约束作用的降低也使得坝体材料的应力略有增加。

坝体和基岩在岸坡处位移的特性（尤其是两者之间的不连续相对位移的大小）对坝体的设计工作和坝体运行期的安全状况是非常重要的。实践表明，坝体与岸坡的接触界面处是土石坝发生事故的危险部位，而该处两者之间所发生的不连续剪切变形和坝体裂缝通常被认为是导致大坝事故的重要原因。在进行高心墙堆石坝三维有限元计算分析时，在坝体材料和基岩间设置合适的接触面单元可以合理地反映心墙堆石坝坝体和基岩在荷载作用下所发生的

图 7.1-6　心墙堆石坝三维数值仿真模拟

位移不连续现象。尽管对坝体总体的应力和变形分布影响不大，但对于合理地分析坝体与岸坡和基岩接触界面处的应力和变形具有重要的意义。心墙堆石坝三维数值仿真模拟如图 7.1-6 所示。

2. 心墙 BIM/CAE 集成计算分析

考虑土石坝心墙稳定性问题，依托 BIM/CAE 集成分析手段建立了张拉裂缝计算的有限元模拟方法，并开展了心墙堆石坝张拉裂缝研究及心墙型式结构分析比选，得到如下结论：

（1）将基于现场变形监测的变形倾度法进行了扩展，通过在有限元计算程序中嵌入变形倾度计算模块，发展了基于有限元变形计算的变形倾度有限元法。该方法简单实用，是分析和判别土石坝是否会发生表面张拉裂缝的常用方法。

（2）计算分析结果表明，对糯扎渡高心墙堆石坝，当所得坝顶最大沉降为 1.03m（约占坝高的 0.39%）时，坝顶变形倾度值达到发生开裂的经验判断值，并在坝体上下游表面出现较大范围的横向变形倾度大于 1% 的区域，如图 7.1-7 所示。因此，可将坝顶最大沉降占坝高的 0.4% 时的工况作为发生坝体表面裂缝的控制工况。

（3）影响坝体发生表面张拉裂缝的因素十分复杂，包括河谷形状、坝料分区及其变形特性、施工和蓄水过程、后期变形的大小等，在实际工程的计算分析中考虑这些影响因素是十分必要的。

（4）应用上述所发展的土石坝张拉裂缝的有限元-无单元耦合计算方法，

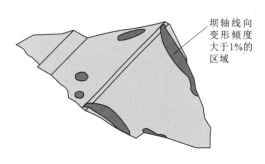

坝轴线向
变形倾度
大于1%的
区域

图 7.1-7　高土石坝变形倾度

对糯扎渡高心墙堆石坝坝体发生横向张拉裂缝的可能性进行三维计算分析。在整体上采用糯扎渡心墙堆石坝三维有限元计算网格，在可能的开裂区域布置无单元节点并进行适当加密，计算分析了糯扎渡坝顶在不同后期变形条件下发生横向张拉裂缝的过程和规模。计算结果表明，上述计算方法对于土石坝表面张拉裂缝问题具有较好的适用性，可用于土石坝坝体张拉裂缝和发生规模的计算分析。

（5）计算分析结果表明，对糯扎渡高心墙堆石坝，当计算所得坝顶最大沉降为 1.03m（约占坝高的 0.39%）时，坝顶会发生一定规模的张拉裂缝，可大致作为发生坝体表面裂缝的控制工况。

（6）采用糯扎渡高心墙堆石坝可研阶段直心墙分区方案和斜心墙分区方案分别进行了三维非线性有限元计算分析，研究了在不同模量参数组合情况下堆石体对心墙拱效应的影响。计算结果表明，堆石体对心墙的拱效应可使得心墙的垂直向应力显著降低，直心墙坝方案心墙底部、中部和中上部拱效应系数在一般计算参数的条件下分别可达 42.7%、61% 和 56.4%。因此，堆石体对心墙拱效应的影响是导致水力劈裂发生的重要因素。

综上 BIM/CAE 集成分析结果表明，该工程采用的直心墙型式及坝体方案的总体计算分析结果良好。

3. 溢洪道水力学条件 BIM/CAE 集成分析

溢洪道水力学条件的计算对于枢纽布置中的建筑物设计十分重要，本节在溢洪道三维设计模型基础上，快速完成了溢洪道体系的流体模型的建立，并利用 BIM/CAE 集成数据接口将模型导入 Fluent 中进行了计算分析。水力学流体模型的建立是在选定的三维设计平台上实现的，通过将溢洪道模型底面拉伸一定高度形成实体，与原溢洪道模型进行布尔运算，并进行简单的模型切割，就可以快速得到流体模型。经分析，该工程采用的溢洪道设计方案符合枢纽工程长期稳定的要求，数值仿真结果与原型观测试验结果基本吻合，仅存在局部差异，将此种差异反馈至溢洪道 BIM 模型中，确保模型参数的快速修正，并验证设计。

4. 枢纽区 BIM/CAE 集成分析校核

勘测设计阶段完成前述各类 CAE 分析之后，需对土石坝整体进行最终分析校核。具体步骤如下：

（1）汇总各部分 BIM 组件及附加属性信息，整合完善枢纽区 BIM 模型，使之趋于完善及精细化。

（2）对枢纽区 BIM 模型进行整体校核，一方面校核各部位是否存在碰撞问题；另一方面对整体应力、稳定性、水流条件及布局等进行分析。CAE 分析过程中集成了勘测设计阶段全部数据信息，依托大数据整合功能分析其中的不足之处，及时将问题反馈并整合至 BIM 模型中。

（3）再次对 BIM 模型进行调整，直到各项分析结果最优，形成勘测设计阶段最终分析成果，将此成果信息更新至枢纽区 BIM 模型中。

7.2 建设阶段 BIM/CAE 集成分析

建设阶段 BIM/CAE 集成分析主要是对工程中突发不良地质情况及相关设计方案的调整进行结构分析，根据分析结果指导后续施工过程，确保枢纽工程施工期三维 BIM 模型的实时更新及施工过程最优化。

7.2.1 建设阶段 BIM 模型建立

1. BIM/CAE 集成分析的三维地形、地质信息模型更新

与勘测设计阶段相比，建设阶段由于不断进行开挖、填筑等施工，不可避免地会遇到突发不良地质情况，如何对不良地质情况进行合理有效的处理至关重要。因此，需要结合 CAE 分析技术，对施工过程中采集获取的相关地质数据进行重新处理，并对其稳定性及结构进行 CAE 分析，确保后续各项施工作业的顺利进行，并预测后续施工的风险情况。在此，就必须对勘测设计阶段建立的 BIM 地质模型进行更新，通过快速修正三维统一 BIM 模型、确定合理的模型数据关联方式和地质信息数据库（新揭露的地质状况、监测数据等）填充方式，确保其始终反映当前实际地质条件，为建设阶段 BIM/CAE 集成分析提供依托。

2. 建设阶段枢纽 BIM 模型动态更新

土石坝枢纽施工过程中，各项监测数据实时传输至中央数据库，坝体不断进行碾压填筑施工作业，相关 BIM 模型及附加属性信息应一并进行更新，及时反映最新施工情况。工程按照施工组织设计中分部分项施工作业要求，将土石坝三维统一 BIM 模型按分区及仓面进行划分，使坝体 BIM 模型按照实际施工情况显示坝体对应部分，从而达到枢纽 BIM 模型的动态更新、为建设阶段 BIM/CAE 集成分析提供助力的目的，保证了各项施工参数可以及时进行分析验证并反馈优化施工作业。图 7.2－1 为土石坝 BIM 模型动态更

新实例。

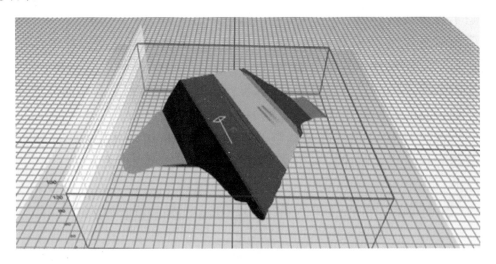

图 7.2-1　土石坝 BIM 模型动态更新实例

3. 溢洪道闸墩 BIM 模型更新

工程建设过程中，溢洪道闸室设计方案临时调整，需对闸墩进行参数化建模，生成 BIM 模型并附加闸墩相关属性信息，以此来促进 BIM/CAE 集成分析的顺利实施。

7.2.2　建设阶段 CAE 分析业务种类

建设阶段 CAE 分析业务种类与勘测设计阶段总体类似，但由于建设过程新揭露的地质情况及监测数据的实时汇总所带来的先决条件，建设阶段将以此进行更加及时的 CAE 结构分析、地质预报、数据反演等，力求对土石坝枢纽工程施工作业起到指导优化作用。下面对几种 CAE 分析业务进行详细阐述。

1. 基于实时监测数据的施工期 BIM/CAE 数值反演计算

计算大坝在不同条件下的应力、变形、水压、渗流、裂缝、稳定性和动力响应等。根据新获取的实时参数对后续施工作业情况进行分析推演，对大坝整体性态稳定性进行分析预测。大坝监测信息数值计算特点为：①实现了对数值计算基础信息的管理和相应存储的维护；②包含了计算工况描述信息、几何模型、材料分区、材料参数等数据的解析和数值反演分析功能。

反演分析功能实现流程：首先根据施工阶段获取的相关参数确定反演参数的类型及数量和所需要的信息；然后通过有限元计算生成训练样本，训练和优化用于替代有限元计算的神经网络，并进行坝料参数的反演计算；最后将反演参数、误差以及必要的过程信息存入施工过程数据库中，并及时反馈指导施工作业，优化相关施工过程。数值计算管理功能如图 7.2-2 所示，反演分析流程如图 7.2-3 所示，反演结果展示界面如图 7.2-4 所示。

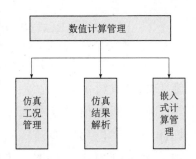

图 7.2-2 数值计算管理功能

2. 溢洪道闸室稳定复核研究

虽然勘测设计阶段已经进行了溢洪道水力学条件 BIM/CAE 集成分析，完成了溢洪道相关设计工作，并对施工作业的可靠性进行了校核，但后期对溢洪道设计方案进行了局部修改，溢洪道闸室堰体分两次浇筑，因此建设阶段需要再次对闸墩进行 CAE 结构稳定性分析。

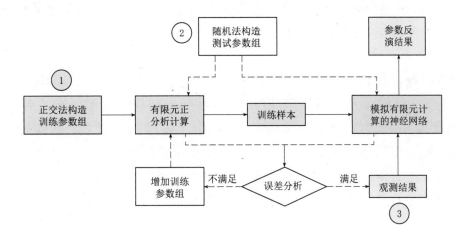

图 7.2-3 反演分析流程

图 7.2-4 反演结果展示界面

7.2.3 建设阶段 BIM/CAE 集成分析应用效果

如上所述，工程建设阶段 BIM/CAE 集成分析主要基于实时监测数据进行施工期数值反演分析及溢洪道闸室稳定复核分析。

施工期数值反演分析基于有限元计算方法及神经网络算法，对施工过程中坝体应力、位移、渗流等进行数值反演分析，分析结果反馈至坝体 BIM 模型，指导施工过程优化调整，数值反演分析应用效果在运行维护阶段将会重点阐述。本节以溢洪道闸室稳定复核分析为例，说明建设阶段 BIM/CAE 集成分析效果。

溢洪道闸室稳定复核分析首先是根据上述建立的预应力闸墩 BIM 模型对 BIM 模型进行处理，然后将模型及其附加信息通过数据传输手段导入 CAE 分析软件中进行有限元分析并校验变更方案的可行性。溢洪道闸室稳定复核具体分为预应力闸墩结构设计和三维有限元计算。

1. 预应力闸墩结构设计

闸室控制段中墩厚 4.5m，边墩厚 4m，总静水压力为 38216kN，工作门启门力为 25584kN，设计采用新型预应力混凝土结构。闸墩弧门支座宽度为 6m，高度为 6m，牛腿悬出闸墩面 2.9m。由于弧门推力较大、墩体较薄，常规钢筋混凝土结构难以满足在正常、持续工作荷载作用下的限裂要求，故设计采用新型预应力混凝土结构。新型预应力闸墩采用传力梁结构，其最大特点是预应力总吨位与弧门推力之比接近 1，较传统设计可节省约 50% 的主锚索和锚具。

为了尽可能使主锚索施加的预应力与弧门推力作用在一条直线上，在锚块中间预留宽度为 0.3m 的空腔，待锚索张拉完毕后，再将空腔回填密实，使锚块成为整体，同时保护钢绞线及套管。锚块底部与闸墩接触部位设 3cm 厚的弹性垫层，以增加预压效果。为方便锚索施工，在墩头 760.5m 平台预留锚固张拉槽，待锚索施工完毕后再回填混凝土。主锚索 2 排 11 层共 22 束，水平次锚索 2 排 10 层共 20 束；主锚索及次锚索的张拉控制吨位分别为 3.6MN 和 2.3MN，永存吨位分别为 3.1MN 和 2MN；拉锚系数（主锚索总永存吨位与弧门推力之比）为 1.44。

2. 三维有限元计算

（1）计算模型。采用有限元分析程序 ANSYS 对闸墩结构进行空间线弹性有限元计算分析。中墩结构三维有限元网格模型如图 7.2-5 所示，其节点总数为 33883 个，单元总数为 29482 个，材料总数为 5 种。

（2）根据荷载组合分为 5 种设计工况，具体如下。

1）工况 1：施工期，预应力锚索施工完毕，弧门挡水；预应力荷载按控制张拉力考虑；混凝土自重＋主次锚索控制张拉预应力荷载。

2）工况 2：运行期，正常蓄水位，两侧弧门挡水；预应力荷载按永存吨位考虑；混凝土自重＋正常蓄水位两侧弧门挡水支铰推力＋主次锚索永存吨位＋正常蓄水位两侧静水压力（单铰弧门推力按 22929.6kN 计算）。

3）工况 3：短暂工况，两侧弧门同时开启（单铰弧门推力按 25584kN 计算）。

4）工况 4：运行期，正常蓄水位，一侧弧门挡水，一侧过流；预应力荷载按永存吨位考虑；混凝土自重＋正常蓄水位一侧弧门挡水，一侧过流时的单铰推力＋主次锚索

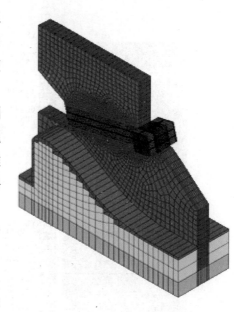

图 7.2－5　中墩结构三维有限元网格模型

永存吨位＋正常蓄水位一侧静水压力，一侧动水压力（单铰弧门推力按 22929.6kN 计算）。

5）工况 5：短暂工况，一侧过流，一侧开启（单铰弧门推力按 25584kN 计算）。

（3）计算结果分析。从变形分析结果看，各工况变位都不大，变形范围在 1.31～2.77mm，仅在工况 5 情况下，牛腿最高点变位稍大，为 2.77mm（横河向，指向左岸）。闸墩与锚块连接颈部断面应力分析结果表明：施加预应力主锚索后，颈部断面全部呈受压状态，主压应力在－0.12～－2.92MPa，说明预应力主锚索对闸墩与锚块连接颈部起到了很好的预压效果，工况分析如图 7.2－6 所示。

从锚块空腔内侧应力分析结果看，在这些拉应力区，由于混凝土实际上存在着塑性变形及徐变，加之锚索端部设有一定尺寸及厚度的钢垫板，因此，实际应力远比上述计算弹性应力数值小。实际上，如果锚束张拉完成后采用微膨胀水泥等对空腔进行回填，可确保回填质量，同时减小锚块空腔内侧拉应力，另外，空腔设计为圆角等体型也有利于降低应力集中。

从锚索端部应力分析看，在预应力锚固区端部不控制其应力值，采取构造措施和配置局部承压非预应力筋来保证强度和控制裂缝开展宽度。在锚头附近配置足够数量的螺旋筋或网状筋，以提高局部承压强度。同时考虑到温度、收缩等因素的影响，为确保这些部位的安全，沿锚块周边配置一定数量的钢筋网

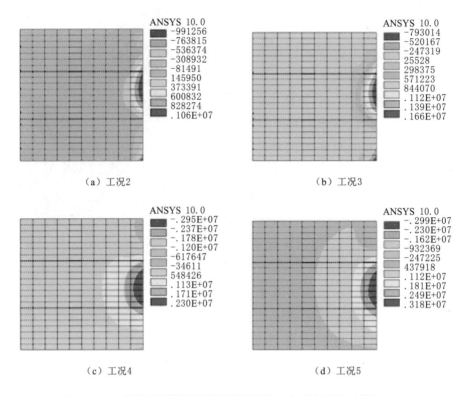

（a）工况2　　　　　　　　　　　　　　　　　（b）工况3

（c）工况4　　　　　　　　　　　　　　　　　（d）工况5

图 7.2-6　闸墩表面靠近弧门支座附近最大主应力云图（单位：Pa）

也是十分必要的。

在各工况下主锚索张拉预留缺口部位的最大主拉应力值为 0.75~1.22MPa。

从 BIM/CAE 分析结果看，主锚索张拉预留缺口部位应力较集中，为了改善缺口部位的应力状态，可考虑将缺口底部直方角改变为圆角，并配置一定数量的非预应力钢筋，以限制裂缝扩展和宽度。

综上，基于 BIM/CAE 良好的数据互通接口机制，可及时将 CAE 分析结果反馈至闸墩 BIM 模型中，以利于对 BIM 模型进行体型优化及方案调整。在方案调整后，再次通过数据接口调用 CAE 分析软件进行结构分析，如此多次重复可得到最优化的分析结果。建设阶段其他 BIM/CAE 集成分析成果不再一一赘述。

7.3　运行维护阶段 BIM/CAE 集成分析

对于土石坝工程而言，运行维护阶段 BIM/CAE 集成分析主要是根据实时采集的监测信息，通过反演分析手段对土石坝坝体应力、位移、渗流等方面进行有限元分析，一旦出现异常情况，及时反馈信息至 BIM 模型中，并进行相关调整优化，解决异常问题，确保坝体长期稳定运行。

7.3.1 运行维护阶段 BIM 模型建立

1. 坝体 BIM 模型精细化处理

与勘测设计阶段及建设阶段不同，运行维护阶段需对坝体整体进行更加详细的 CAE 分析。分析过程中需要对坝体 BIM 模型进行精细化处理，将整体 BIM 模型剖分为网格形式，方便后期 BIM/CAE 集成分析的具体实施。大坝三维计算网格如图 7.3－1 所示。

图 7.3－1　大坝三维计算网格

2. 安全监测 BIM 模型建立

与勘测设计阶段及建设阶段相比，运行维护阶段周期最长，为保证土石坝枢纽工程长期稳定运行，枢纽工程布设了大量监测仪器，通过对监测数据的实时分析可以对大坝整体运行情况进行全方位把控，从而保证运维期间枢纽工程的安全稳定。

前述两个阶段建立的枢纽工程三维统一 BIM 模型及地质生长 BIM 模型，运行维护阶段均可直接使用，但需在此基础上建立相应安全监测仪器的 BIM 模型构件。对于 BIM 模型信息库中包含的模型构件，可以直接从 BIM 模型信息库中提取。对于缺少的安全监测 BIM 模型可以通过建模软件直接建模生成，并保存至 BIM 模型信息库。

安全监测 BIM 模型建立后，通过坐标定位与枢纽工程统一 BIM 模型及地质生长 BIM 模型结合，形成枢纽区整体三维 BIM 模型并在 WebGIS 可视化环境中进行显示。

7.3.2 运行维护阶段 BIM/CAE 集成分析应用效果

运行维护阶段 CAE 分析主要集中在对土石坝坝体的监测反演分析，通过将反演结果返馈给枢纽区统一 BIM 模型，实现了对坝体维护及日常安全预警工作的指导。下面介绍基于监测信息进行 BIM/CAE 集成反演分析的过程。

通过 Revit 建模软件将运行维护阶段枢纽区统一 BIM 模型进行精细化处理，然后将 BIM 模型及其附加信息通过数据接口进行转换，以备后续 CAE 结构分析。工程基于监测信息的 BIM/CAE 反演分析主要是对大坝位移、渗流、应力等监测量进行分析，下面结合人工神经网络方法，以大坝位移为例来重点阐述运行维护阶段 BIM/CAE 集成分析应用效果。

近年来，基于人工神经网络的方法在岩土工程中得到了广泛的应用。鉴于岩土工程问题的复杂性，在已知量和未知量之间存在很强的非线性关系，这种非线性关系通过人工神经网络可以得到很好的映射。

人工神经网络模拟人脑的结构及其智能特点，是在研究生物神经系统的启发下发展起来的一种信息处理方法。人工神经网络的出现已有半个多世纪的历史。其中 1986 年由 McClelland 和 Rumelhart 所提出的多层网络的误差反传（Back Propagation，BP）算法是神经网络研究中最为突出的成果之一。

多层前向神经网络概念简单，容易实现，且有很强的非线性映射能力，在工程中应用最多。它由输入层、隐含层和输出层组成。隐含层可以是一层或多层，图 7.3 - 2 为具有一个隐含层的简化神经网络，它只有相邻层之间存在连接关系。更为复杂前向神经网络的层间、跨层间以及输入和输出层均可存在连接关系，称之为混合型前向神经网络。

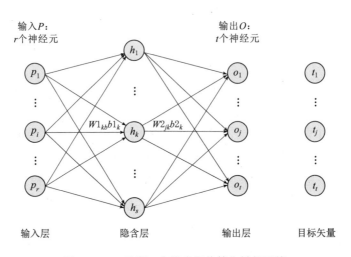

图 7.3 - 2 具有一个隐含层的简化神经网络

采用 BP 算法的多层前向神经网络模型一般称为 BP 网络。BP 算法具体由信息的正向传递与误差的反向传播两个过程组成。当正向传播时，输入信息从输入层经隐含层处理后传向输出层。如果在输出层得不到期望的输出结果，则转入反向传播，将误差沿原来的神经元通路返回。返回过程中，逐一修改各层神经元连接的权值。这种过程不断迭代，最后可将误差控制在允许范围之内。

在对计算参数文件、施工文件、模型文件及计算结果文件进行解析后，以三维可视化的方式对位移成果数据进行多种形式的可视化展现。其数据展现形式包括分布图、矢量图、等值面、表面等值线、剖面图等。将大坝网格模型中受约束的点在模型中进行显示，将水位线、节点的矢量图在仿真计算模型中进行展现。此外，亦可实现监测数据时间过程曲线与计算过程曲线的对比功能，通过对比实现对计算结果的验证，同时也更有利于对监测结果的理论分析。通过将大坝数值计算网格模型中节点位移放大一定的倍数，可更加直观地反映大坝变形突出的部位（图 7.3 - 3）。

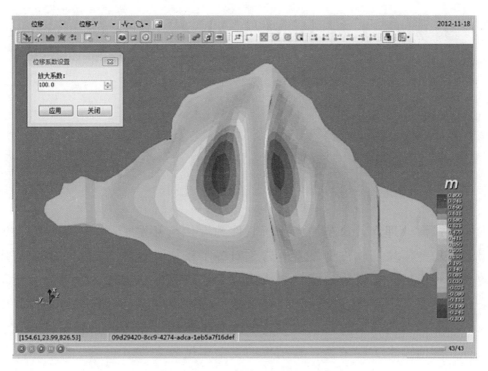

图 7.3 - 3 大坝变形位移放大 100 倍后的形态

在监测信息的反演分析过程中，通过将监测数据与反演分析数据进行对比，可以不断地优化反演分析的结果。一旦出现反演结果超出警戒值的情况，系统会及时将信息反馈给坝体 BIM 模型，并通过多种方式发出警报，同时，系统通过集成的专家库、预警库实现在三维可视化界面中及时推出警情处理方案，指导坝体在运行维护阶段的预警处理。在警情处理完成后系统会自动更新坝体运行维护阶段精细化 BIM 模型附加信息，至此形成运行维护阶段 BIM/CAE 集成分析整体流程闭环。

第 8 章

引调水工程 BIM/CAE 集成分析实践

8.1 BIM 模型建立

8.1.1 渡槽、倒虹吸结构构件式设计与三维建模

构件式设计理念，最初被应用于软件的设计与开发工作中。大型软件通常有很多的功能模块，软件开发者通常是对各个模块进行独立开发，并留有模块间的数据转换接口，最后再统一集成为一个整体软件。这样的设计方法使得各模块开发工作互不干扰，便于查找错误进而修改设计。当新软件方案设计中需要采用以前的功能模块时，可以很方便地直接调用，不需要重新设计开发。同样，对于渡槽输水工程来说，其结构的复杂程度较大坝、桥梁、楼宇等结构有过之而无不及，如果采用传统的设计方法，不但无法快速地查找结构设计的不合理之处，而且在设计新的类似结构时，重复设计无法避免。因此，将构件式设计的理念引入到渡槽结构设计中是有重大意义的。

对于传统的三维设计方法来说，要做到对每个构件的安全可靠性进行跟踪分析，并且对实际可靠性与期望值相差较大的构件进行快速修改和替换是不现实的。如果采用构件式设计方法，将结构分解为基本构成元素，如梁、杆、板等结构，然后根据工程项目的通用需求和共同属性，对构件进行建模，就能够轻松实现快速寻找结构薄弱环节和"大量定制"等现代化设计要求。而且当进行新项目设计时，设计者能够很方便地调用已有的构件元素，通过一定的模型装配方法，迅速完成新方案的初步制定。

CAD 中以点、线、面来建构的方式已经无法满足现代工程设计工作中智能化、便捷化、规范化和规模化的要求。本节引入软件设计中的构件式设计理念，将倒虹吸的基本组成构件元素（如进水口、渐变段、拦污栅、闸门、挡水墙、镇墩、消力池、水井等）、渡槽的基本组成构件元素（如梁、柱、槽身、转弯段、支墩、支座等）、各元素包含的材料、构造等属性引入设计中。构件

元素不但能够快速地装配成一个初步的设计方案，其本身定义的属性也使其容易实现 BIM/CAE 的集成。通过对结构特点的分析，选择合适的构件元素进行组合，最终构造合理的输水建筑物结构。建模过程如下：①根据工程经验及规范要求，建立不同的构件族元素；②根据设计偏好，选择适用的构件族元素；③结合工程实际，对族元素进行结构微调，完成整体模型组装。

图 8.1-1 (a)、(b) 分别为倒虹吸构件划分及参数化建模示意图和渡槽构件化快速建模流程示意图。

采用以上流程进行建模是基于所建立的完整的构件库。对于某个具体的渡槽或者调水结构来说，构建一个较完整的构件库的前期工作量确实略显繁杂，但是对于长期进行渡槽设计工作的设计人员以及满足快速设计需求来说，能够在后续设计工作中省去大量的重复工作。构件式装配建模给设计工作带来的好处主要有以下几点：

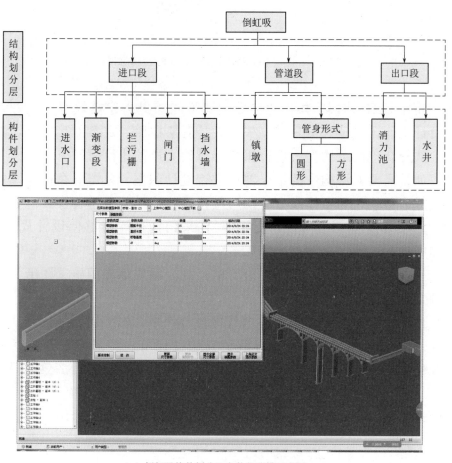

（a）倒虹吸构件划分及参数化建模示意图

图 8.1-1（一） 构件化参数化快速建模流程示意图

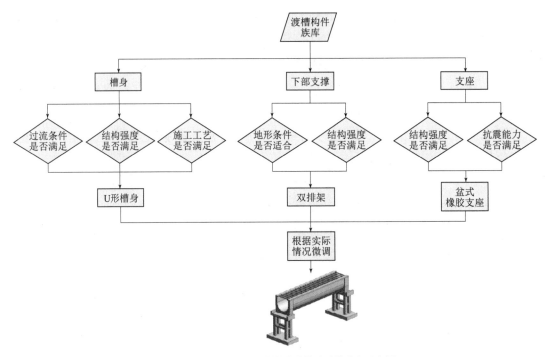

（b）渡槽构件化快速建模流程示意图

图 8.1-1（二） 构件化参数化快速建模流程示意图

（1）相比 CAD 建模，构件化参数化建模能够提高建模效率，省去大部分重复性设计工作，设计人员只需要根据设计对象按照一定条件筛选后，就可从构件库中选择合理的结构型式进行拼装，节约大量的建模时间。

（2）如果需要对结构中的某个部件进行设计调整，只需要在构件库中对其进行调整或者替换，则整体模型中的对应构件就能进行自动替换。

（3）对于某些特定结构（如支座等），采用构件库能够使设计规范一致，表达更加明确。

（4）生成的模型既可以方便地进行渲染剖分制成标准的施工图纸，又可以进行处理，作为后续分析对象。

（5）由于每个基本元件都能够承载材料、价格、施工周期等信息，因此可以很方便地利用这些信息进行设计后的安全性评价、经济评价和施工方案评价，为控制整个工程的成本、缩短施工周期以及提高工程的经济效益提供有力的保证。

下面以渡槽为例，对结构参数化建模及模型比选做详细介绍。

8.1.2 渡槽结构参数化建模及模型比选

1. 渡槽断面型式的比选和确定

渡槽槽身断面型式的类型有矩形渡槽、U 形渡槽、梯形渡槽、椭圆形渡槽及圆管形渡槽等，目前渡槽工程中常用的断面型式是矩形渡槽和 U 形渡槽。在渡槽设计初始阶段，需参照类似工程经验对槽身断面型式和结构型式进行初拟，或者根据结构的具体受力状况、工程费用、施工管理、使用年限等定性确定槽身的断面型式和结构型式。本小节拟选用结构简单、轻型的箱型带肋渡槽，并选用带拉杆的 U 形渡槽作为对比方案进行定量研究。

首先利用上述构件三维建模方法建立两种断面型式的渡槽 BIM 三维模型（图 8.1-2）；然后利用 CAD/CAE 集成技术，在一定条件下，对每种槽身断面型式分别建立三种壁厚的三维实体模型，并通过 BIM/CAE 集成技术将处理后的模型文件导入大型通用有限元软件中，形成有限元离散模型；最后通过三维有限元静力分析，分别从强度和稳定性两个方面进行比选，确定渡槽工程的最佳断面型式。经过分析与对比，最终选用箱型渡槽作为断面型式。

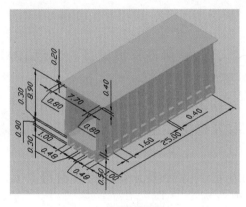
（a）箱型带肋渡槽

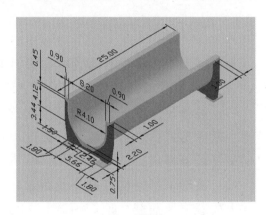
（b）U 形渡槽

图 8.1-2　两种断面型式的渡槽结构的 BIM 三维模型

2. 墩高与单跨长度的比选和确定

在 150m 墩高的渡槽工程的可行性研究过程中，通过对渡槽抗滑和抗倾稳定性分析结果可知，在各个工况下，各个设计墩高方案的槽身抗滑稳定性、抗倾稳定性以及渡槽整体抗滑稳定性均满足《灌溉与排水工程设计规范》（GB 50288—2018）要求。但是渡槽整体抗倾稳定性计算结果表明，在地震力的作用下（即偶然工况中），90m 以上墩高的渡槽整体抗倾稳定安全系数均小于《灌溉与排水工程设计规范》（GB 50288—2018）规定的允许值 1.30，稳定性不满足要求；90m 墩高的渡槽抗倾稳定安全系数满足《灌溉与排水工程设计规范》（GB 50288—2018）要求，故对 90m 以下墩高渡槽进行 CAD/CAE 集成分析，深入研究其强度和安全性。

3. 参数化配筋及结构尺寸的优化设计

（1）槽身结构优化设计。对于渡槽结构来说，设计的目的是在满足输水等使用要求前提下，既要符合所需强度与刚度等安全条件，又要尽可能地减小总体的重量或体积以节省投资，所以选择结构最小体积为目标函数，预应力钢筋为常量。

（2）预应力钢筋优化设计。针对配筋的优化设计是在渡槽结构尺寸一定的情况下，通过改变配筋量而使钢筋用量既满足结构安全又最经济。以往的优化设计多集中在建筑物尺寸的优化，对配筋的优化则较少涉及。理论上，通过 APDL 参数化语言建立预应力钢筋参数化模型，便可以将钢筋参数作为设计变量进行优化设计。

8.2 BIM/CAE 一体化分析

8.2.1 BIM/CAE 业务种类分析

为保证工程设计的合理性，在设计阶段，需要对设计成果进行大量 BIM/CAE 分析。本节示例工程的 BIM/CAE 分析内容主要包括以下几个方面：

（1）渡槽槽身断面型式的定量比选。根据工程经验等因素对槽身初步选定若干个断面形式后，对其自重、强度、位移及稳定性进行综合分析，以确定槽身的最终断面型式。

（2）渡槽下部结构（墩高及跨长）的确定。综合考虑建筑物自身静力及外界动力荷载（风荷载、地震荷载），对渡槽抗滑及抗倾稳定性进行分析，确定满足安全性条件的最优墩高和跨长。

（3）优化结构尺寸。通过 BIM/CAE 分析结果对配筋结果进行优化设计，在满足结构安全与工程经济条件下，以最小配筋量为目标函数，基于 BIM/CAE 分析进行渡槽结构、配筋设计优化。

（4）渡槽和倒虹吸抗震分析。通过对渡槽 BIM 三维模型输入各种形式的地震荷载，研究地震荷载作用下渡槽结构的抗震性能，对渡槽结构进行地震破坏风险性分析；对倒虹吸管和下部支撑结构进行静力及动力计算分析，研究圆管、排架、拱桥、底部基础等部位在各种工况不同荷载组合下的强度、变形状况，论证穿峡谷区域倒虹吸结构抗震的可行性，为倒虹吸的抗震优化设计提供科学依据。

（5）引调水工程关键部位的水力特性分析。对流量、流速、水流流态、压力等进行分析；模拟水流特性及水位变化情况，验证典型建筑物及其过渡段是否会出现明满流交替现象，为进一步研究充水过程中的水力过渡现象、在不同充水流量下预测全线的水位波动，进而提出满足各引水任务的优化运行方案提供基础。

8.2.2 应力应变分析

渡槽工程在勘测设计阶段大量应用了 BIM/CAE 一体化分析方法进行结构设计、方案比选、性能分析、设计方案校核等工作。相比于传统的有限元分析方法，BIM/CAE 一体化分析方法为设计人员省去大量重复性工作，提高了设计阶段的工作效率，缩短了设计周期，提高了设计质量。下面以该渡槽勘测设计阶段的典型 BIM/CAE 案例为例，对其实际应用情况及应用效果进行详述。

首先根据 8.1 节的方法确定两种比较优选的渡槽断面型式（箱型、U 形）用于进一步定量比较分析；然后根据依托工程（小鱼坝渡槽）过流量、允许水头损失等，采用水力学计算确定单跨槽身的主要结构尺寸；接着假定在墩高一定的前提下，对每种槽身断面型式分别建立三种壁厚的三维实体模型；最后通过三维有限元静力分析，从强度和稳定性两个方面，初步比选渡槽工程的最佳断面型式。下面以箱型带肋预应力渡槽结构为例进行三维有限元分析。

以箱型带肋预应力渡槽为设计方案，在水力学计算的基础上，考虑三种壁厚方案，分别是壁厚为 0.30m（方案一）、0.35m（方案二）、0.45m（方案三）。图 8.2-1 为 0.45m 壁厚的三维标注图，其他方案的其他尺寸与此相同。

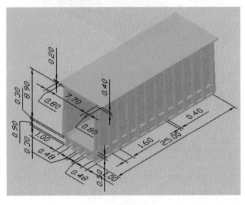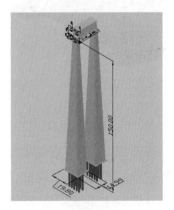

（a）渡槽结构尺寸　　　　　　　　　　（b）整体结构尺寸

图 8.2-1　箱型带肋渡槽结构三维标注图（0.45m 方案）

根据计算得到的槽身尺寸和实际地形资料，以 25m 跨度为例建立箱型带肋预应力渡槽的单跨三维有限元计算模型。渡槽模型混凝土及地基以 Solid45 实体八节点六面体及其退化的四面体单元模拟，预应力用等效荷载法模拟，槽身底部工字梁与槽墩顶板中间加入混凝土垫块，在槽墩无槽身部分用 Mass21 质量单元施加附加质量，用来平衡槽墩。为了较准确地描述预应力筋的位置，

提高三向预应力模拟效果，实体模型
划分网格时分得较细，计算精度较高。
整个模型节点共 101490 个，单元共
95229 个。在本节的分析内容中，槽
墩仅起到支撑作用，故暂不分析槽墩
的应力及位移状况。

　　图 8.2-2 为渡槽单跨三维离散模
型。图 8.2-3、图 8.2-4 分别为渡槽
槽身离散模型和渡槽底部工字梁及横
梁离散模型图。

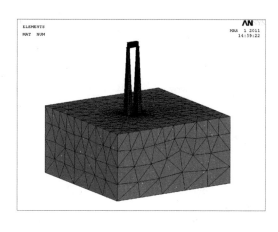

图 8.2-2　渡槽单跨三维离散模型

　　选取整个单跨渡槽作为计算模型，
其边界条件为：①槽身及槽墩部分下部边界与地基共节点，槽身两端为自由边
界；②地基部分向四周各延长约 150m；截断地基的总高度约 150m。

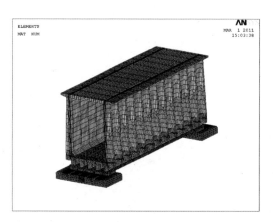

图 8.2-3　渡槽槽身离散模型

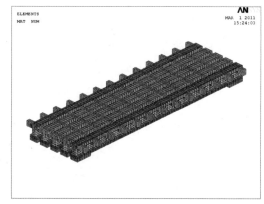

图 8.2-4　渡槽底部工字梁及横梁离散模型

　　约束条件模型的约束条件为：①在截断的岩体四周边界施加法向约束；
②在基础底部边界施加全约束。

　　取槽身底板上表面、单跨槽身上游侧横断面、过右岸贴坡与底板交线的垂
直面三个面的交点作为坐标原点，三轴的方向确定如下：x 轴为水平方向，顺
水流方向，指向下游为正；y 轴为垂直水流方向，指向左岸为正，符合右手螺
旋定则；z 轴为竖直方向，向上为正。

　　在分析槽身结构应力和位移分布云图时，相应的符号及数值正负含义如
下：σ_x 表示顺水流向正应力，σ_y 表示垂直水流向正应力，σ_z 表示竖直向正应
力；σ_1 表示第一主应力，σ_3 表示第三主应力。应力值为正表示拉应力，应力
值为负表示压应力；U_x 表示顺水流向位移，U_y 表示垂直水流向位移，U_z 表

示竖向位移，U_{sum} 表示综合位移。顺水流向位移中正值表示顺水流向，负值表示逆水流向；垂直水流向位移中正值表示与规定 y 轴正向相同（指向左岸），负值表示与规定 y 轴正向相反（指向右岸）；竖直向位移中正值表示竖直向上，负值表示竖直向下。

下面以方案一（0.3m 壁厚）的工况一（完建工况）为例说明 BIM/CAE 分析过程。

在施工完建工况下，荷载组合包括结构自重＋风压力＋预应力，结构的主要荷载为结构自重。对槽身进行静力分析，主要分析结构及其关键部位在静力荷载作用下的位移、应力分布情况及其分布规律。

（1）应力场分析。完建工况下渡槽槽身的应力场有限元计算结果整理如下：

1）如图 8.2-5（a）所示，槽身大部分区域第一主应力 σ_1 值在 $-0.80 \sim 1.08$MPa 范围内，满足 C50 混凝土强度要求；最大拉应力值为 4.86MPa，出现在槽身底板两侧与内侧贴坡的交点处，是结构在自重作用下，侧墙两端中部向外产生较大的横向变形所导致的，但在两个单元（0.6m×0.6m）内折减到 1.08MPa 以下。

2）如图 8.2-5（b）所示，槽身大部分区域压应力较小，压应力值主要在 $-7.04 \sim 0.38$MPa 范围内，满足 C50 混凝土强度要求；最大压应力值为 -21.9MPa，出现在槽身上游侧面底板两侧边缘，是施加模拟预应力集中荷载所导致的。

3）如图 8.2-5（c）所示，槽身大部分区域 x 向正应力 σ_x 值在 $-7.42 \sim 1.91$MPa 范围内，x 向正应力最大值为 1.91MPa，出现在槽身两端底板上表面，是由于结构在自重作用下跨中发生沉降，最终导致底板两端上表面受拉。

4）如图 8.2-5（d）所示，槽身大部分区域 y 向正应力 σ_y 值在 $-2.78 \sim 2.00$MPa 范围内，y 向正应力最大值为 4.39MPa，出现在槽身底部两端的工字梁底部表面，是由于在槽身自重作用下，两端侧墙向外产生较大的横向变形，最终导致工字梁底部拉应力较大。

5）如图 8.2-5（e）所示，槽身大部分区域 z 向正应力 σ_z 值主要在 $-5.12 \sim 0.33$MPa 范围内；z 向正应力最大值为 3.06MPa，出现在底部工字梁表面，原因是跨中沉降引起两端横截面受拉，同时工字梁底部存在预应力约束，最终导致工字梁腹板竖向拉应力较大。

6）如图 8.2-5（f）所示，图中圆圈所示区域为渡槽所受拉应力超过允许值的部位（C50 混凝土抗拉强度设计值 2.00MPa），主要集中在底部工字梁的端部表面以及渡槽与橡胶支座的接触部位，槽身大部分区域满足混凝土抗拉要求。

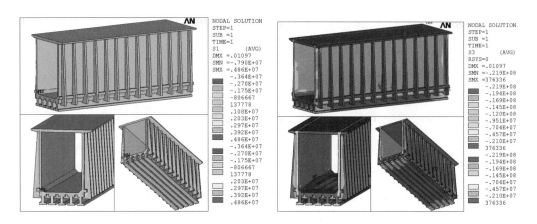

　　（a）槽身第一主应力云图　　　　　　　　　　　（b）槽身第三主应力云图

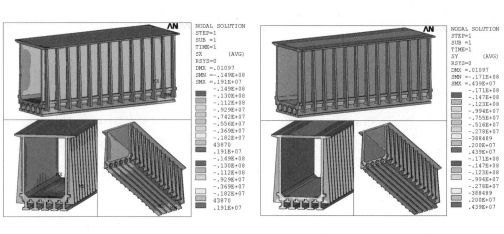

　　（c）槽身 x 向应力云图　　　　　　　　　　　　（d）槽身 y 向应力云图

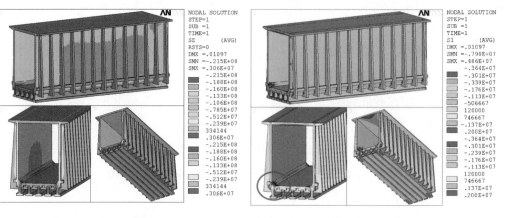

　　（e）槽身 z 向应力云图　　　　　　　　　　　　（f）槽身应力限值云图

图 8.2－5　完建工况下渡槽槽身的应力场有限元计算结果

（2）位移场分析。完建工况下渡槽槽身位移场计算结果如图 8.2-6 所示。总体来看，渡槽槽身的位移值均较小，顺水流向位移 U_x 在 $-1.012\sim$ 1.084mm 范围内，最大值出现在单跨渡槽侧墙两端的中部，并从槽身两端至中部逐渐减小；垂直水流向位移 U_y 在 $-1.519\sim1.247$mm 范围内，最大值出现在侧墙两端的中部，y 向位移分布在槽身纵轴线两侧基本对称；竖向位移 U_z 在 $-10.965\sim-9.082$mm 范围内（包含槽墩沉降），槽身不均匀沉降值在 1.88mm 以内，最大竖向位移值出现在盖板端部跨中位置，在槽身自重力的作用下，竖向位移均为负值，且由槽身顶部至底部逐渐减小；综合位移 U_{sum} 在 $9.408\sim10.482$mm 范围内，最大位移值出现在盖板端部跨中位置。

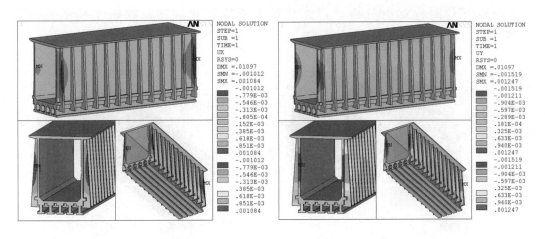

（a）顺水流向位移 U_x 云图 　　　　　　（b）垂直水流向位移 U_y 云图

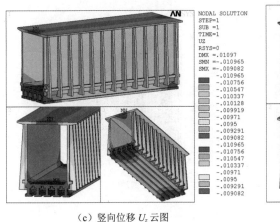
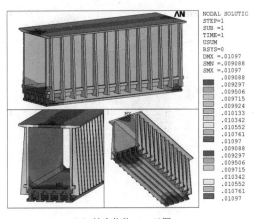

（c）竖向位移 U_z 云图 　　　　　　（d）综合位移 U_{sum} 云图

图 8.2-6 完建工况下渡槽槽身位移场计算结果

其余工况 BIM/CAE 分析计算过程与上述类似，在此不过多赘述。分别从结构强度、位移、稳定性等三个方面对箱型带肋预应力渡槽的三种方案进行比较优选后，最终确定方案三（0.45m）为最优设计方案。在静力条件下，箱型带肋预应力渡槽槽身壁厚为 0.45m（方案三）时最优，U 形渡槽槽身壁厚为 0.30m（方案二）时最优，均满足结构的强度和稳定要求。在两种最优方案的比较中，箱型渡槽虽然自重比较大，但是以刚度大、施工方便、使用年限长等优势，最终被确定为规划设计阶段最优断面。

8.2.3 抗震分析

渡槽抗震 BIM/CAE 分析模型包含槽身、下部支撑结构等部分。槽身跨中部位、槽身端部、下部支撑结构等在后面分析中涉及的结构特征部位示意图如图 8.2-7 所示。对滇中引水工程松林渡槽结构在有水＋设计地震工况下进行非线性时程动力分析，得到其动力响应变化规律，揭示结构的抗震薄弱部位。

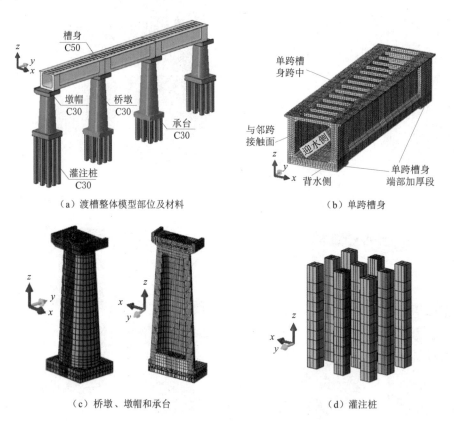

（a）渡槽整体模型部位及材料　　　　（b）单跨槽身

（c）桥墩、墩帽和承台　　　　（d）灌注桩

图 8.2-7　渡槽整体模型及特征部位示意图

1. 加速度时程响应

图 8.2-8 和图 8.2-9 为松林渡槽在人工波作用下跨中槽身底板和下部支撑顶部的加速度时程响应结果。

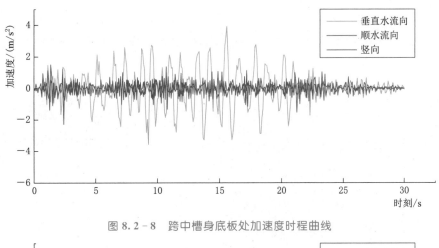

图 8.2-8　跨中槽身底板处加速度时程曲线

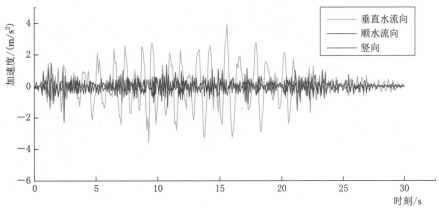

图 8.2-9　下部支撑顶部加速度时程曲线

由表 8.2-1 可知，在渡槽底部垂直于水流向（X 向）和竖向（Z 向）加速度响应总体大于顺水流向（Y 向）加速度响应，最大垂直于水流向（X 向）加速度为 4.56m/s^2，出现在 14.56s 时刻；最大竖向（Z 向）加速度为 2.52m/s^2，出现在 9.36s 时刻。跨中下部支撑顶部顺水流向（Y 向）和垂直于水流向（X 向）加速度响应总体大于竖向（Z 向）加速度响应，最大 Y 向加速度为 2.29m/s^2，出现在 2.40s 时刻；最大 X 向加速度为 3.92m/s^2，出现在 15.60s 时刻。

表 8.2-1　　　　　　　　　渡槽结构特征部位加速度峰值

特征部位	加速度峰值/(m/s^2)					
	垂直水流向（X）		顺水流向（Y）		竖向（Z）	
	＋	－	＋	－	＋	－
跨中槽身底板	4.56 (14.56s)	4.46 (13.84s)	1.35 (9.68s)	1.45 (9.76s)	2.52 (9.36s)	2.38 (9.44s)
跨中下部支撑顶部	3.92 (15.60s)	3.55 (9.28s)	1.51 (1.36s)	2.29 (2.40s)	1.08 (14.88s)	0.93 (10.32s)

注：括号中表示加速度峰值所在时刻。

2. 位移时程响应

图 8.2－10 和图 8.2－11 为松林渡槽在人工波作用下跨中槽身底板和下部支撑顶部的位移响应结果。

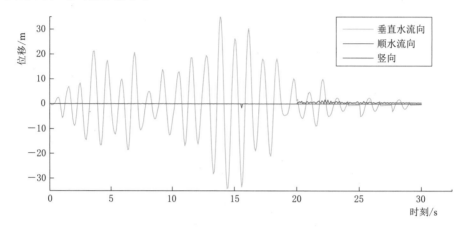

图 8.2－10　跨中槽身底板位移时程曲线

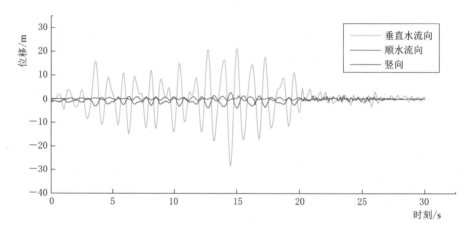

图 8.2－11　下部支撑顶部位移时程曲线

由表 8.2－2 可知，在渡槽底板垂直于水流向（X 向）和竖向（Z 向）位移响应总体大于顺水流向（Y 向）位移响应，最大 X 向位移为 35.53mm，出现在 13.84s 时刻；最大 Z 向位移为 1.69mm，出现在 15.60s 时刻。跨中下部支撑顶部顺水流向（Y 向）和垂直于水流向（X 向）位移响应总体大于竖向（Z）位移响应，最大 Y 向位移为 2.41mm，出现在 15.12s 时刻；最大 X 向位移为 28.61mm，出现在 14.48s 时刻。

表 8.2－3 汇总了渡槽位移场计算结果（其中，云图中的数值单位为 m）。

3. 应力时程响应

图 8.2－12～图 8.2－14 为松林渡槽在人工波作用下跨中槽身底板和下部

支撑顶部的应力响应结果。

表 8.2－2   渡槽结构特征部位位移峰值

特征部位	位移峰值/mm					
	垂直水流向（X）		顺水流向（Y）		竖向（Z）	
	＋	－	＋	－	＋	－
跨中槽身底板	35.53 (13.84s)	34.16 (14.40s)	0.08 (7.12s)	0.11 (16.16s)	1.69 (15.60s)	0.09 (16.16s)
跨中下部支撑顶部	21.01 (14.96s)	28.61 (14.48s)	1.53 (16.48s)	2.41 (15.12s)	2.64 (15.48s)	3.91 (13.72s)

注：括号中表示位移峰值所在时刻。

表 8.2－3   渡槽位移场计算结果汇总

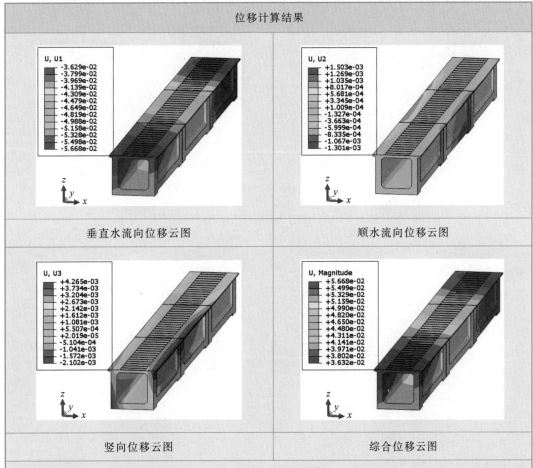

位移计算结果	
垂直水流向位移云图	顺水流向位移云图
竖向位移云图	综合位移云图

　　顺水流向位移 U_y 较小，在 1.50mm 以内；垂直水流向位移 U_x 在 $-56.68\sim-36.29$mm 范围内，最大值出现在渡槽侧墙顶部位置。竖向位移 U_z 在 $-2.10\sim4.27$mm 范围内，最大值出现在侧墙顶部边缘处；综合位移 U_{sum} 在 $36.32\sim56.68$mm 范围内，主要表现为垂直水流向位移，最大位移出现在渡槽顶部侧墙顶部位置。槽身最大挠度为 10.71mm，小于挠度允许值

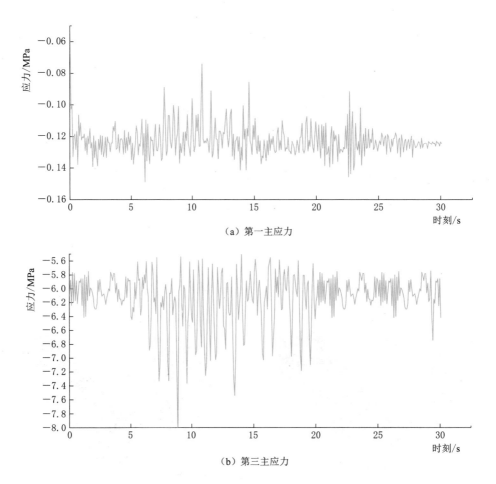

（a）第一主应力

（b）第三主应力

图 8.2 - 12　跨中槽身底板主应力时程曲线

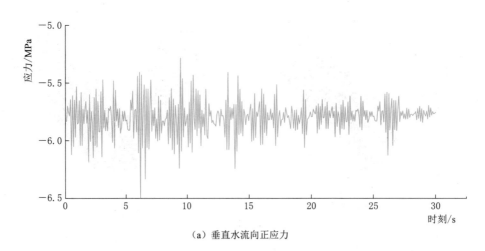

（a）垂直水流向正应力

图 8.2 - 13（一）　跨中槽身底板正应力时程曲线

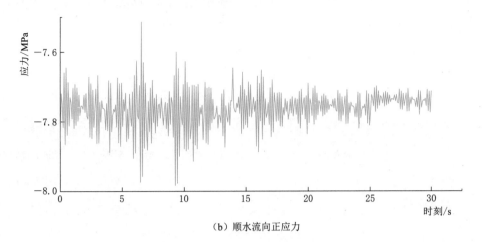

（b）顺水流向正应力

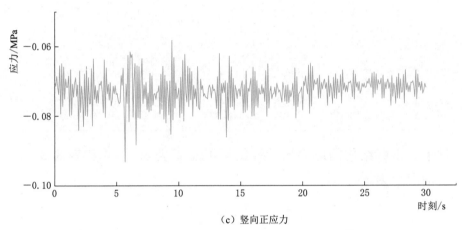

（c）竖向正应力

图 8.2-13（二） 跨中槽身底板正应力时程曲线

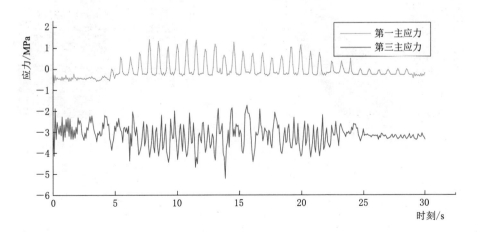

图 8.2-14 下部支撑顶部主应力时程曲线

由表 8.2-4 和表 8.2-5 可知，跨中槽身底板的最大第一主应力为
-0.15MPa，出现在 6.16s 时刻；最大第三主应力为 -8.11MPa，出现在
8.88s 时刻。跨中下部支撑顶部的最大第一主应力为 1.41MPa，出现在 10.8s
时刻；最大第三主应力为 -5.20MPa，出现在 13.84s 时刻。

表 8.2-4　　　　　　　　　　　渡槽结构特征部位主应力峰值

特征部位	第一主应力		第三主应力	
	峰值/MPa	出现时间/s	峰值/MPa	出现时间/s
跨中槽身底板	-0.15	6.16	-8.11	8.88
跨中下部支撑顶部	1.41	10.8	-5.20	13.84

表 8.2-5　　　　　　　　　　　渡槽结构特征部位应力峰值

特征部位	应力峰值/MPa					
	垂直水流向（X）		顺水流向（Y）		竖向（Z）	
	max	min	max	min	max	min
跨中槽身底板	-5.28 (9.12s)	-6.50 (6.16s)	-7.51 (6.56s)	-7.98 (9.28s)	-0.06 (9.44s)	-0.09 (5.6s)

渡槽上、下部结构的应力场计算结果汇总于表 8.2-6 和表 8.2-7，表中
云图的数值单位为 Pa。

表 8.2-6　　　　　　　　　　　渡槽应力场分布汇总

应力计算结果

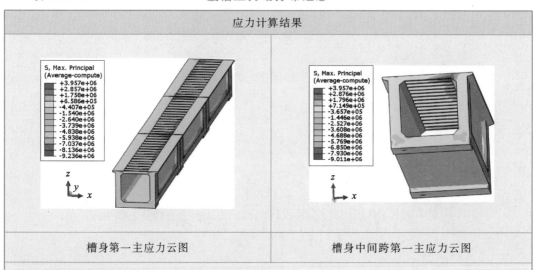

槽身第一主应力云图	槽身中间跨第一主应力云图

槽身大部分区域第一主应力（主拉应力）值在 -9.24～1.76MPa 之间，满足 C50 混凝土抗拉强度要求，最大拉应力为 3.96MPa，小于 C50 混凝土的抗拉强度标准值。拉应力较大的区域主要集中在拉杆与侧墙顶部连接部位和底板与侧墙连接处的拐角位置，仅存在于表层，沿厚度方向发展较浅，为应力集中所致

应力计算结果

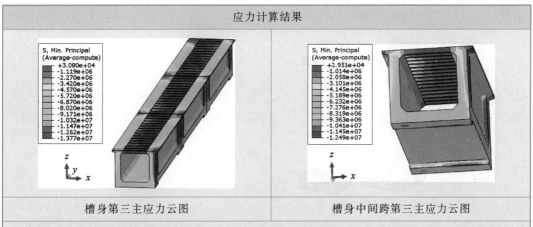

槽身第三主应力云图	槽身中间跨第三主应力云图

槽身第三主应力（主压应力）为−13.77~0.03MPa，最大压应力为13.77MPa，小于C50混凝土的抗压强度标准值，出现在底板背水侧，主要由较大的竖向正应力和顺水流方向正应力引起

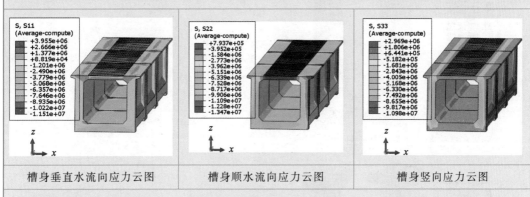

槽身垂直水流向应力云图	槽身顺水流向应力云图	槽身竖向应力云图

槽身最大垂直水流向正应力（3.96MPa）和槽身最大顺水流向正应力（0.79MPa）均出现在拉杆处；槽身最大竖向正应力（2.97MPa）出现在侧墙顶部和拉杆连接部位。三个方向的正应力均以受压为主，底板和侧墙迎水侧均处于受压状态

表 8.2−7 渡槽下部支撑结构动力有限元计算结果分析

应　力　云　图	说　　明
 第一主应力云图	下部支撑结构第一主应力（主拉应力）为−1.13~2.62MPa。最大拉应力值出现在墩帽上表面，为2.62MPa，大于C30的抗拉强度标准值2.01MPa，仅存在于表层位置，沿厚度方向发展较浅，为应力集中所致

应 力 云 图	说 明
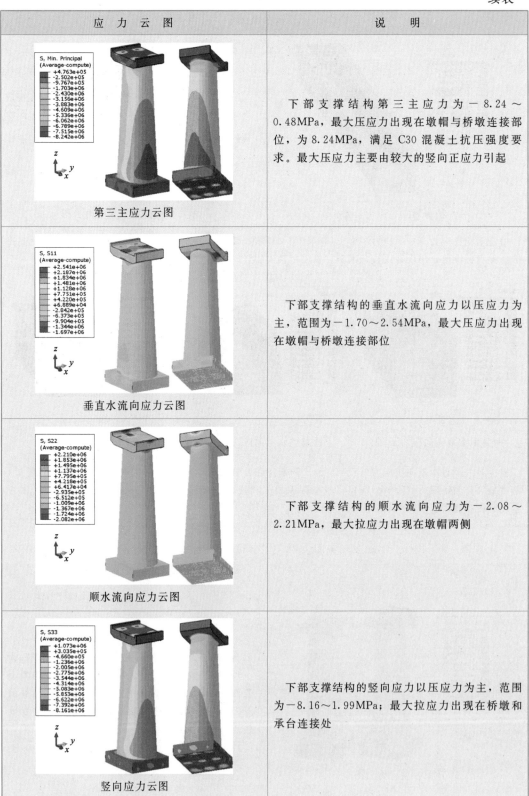 第三主应力云图	下部支撑结构第三主应力为 −8.24～0.48MPa，最大压应力出现在墩帽与桥墩连接部位，为 8.24MPa，满足 C30 混凝土抗压强度要求。最大压应力主要由较大的竖向正应力引起
垂直水流向应力云图	下部支撑结构的垂直水流向应力以压应力为主，范围为 −1.70～2.54MPa，最大压应力出现在墩帽与桥墩连接部位
顺水流向应力云图	下部支撑结构的顺水流向应力为 −2.08～2.21MPa，最大拉应力出现在墩帽两侧
竖向应力云图	下部支撑结构的竖向应力以压应力为主，范围为 −8.16～1.99MPa；最大拉应力出现在桥墩和承台连接处

8.2.4　水力学分析

利用 BIM/CAE 集成分析方法，选取滇中引水工程龙庆河渡槽作为典型研究对象，对其引水距离与时间的关系，主要建筑物水流流态、流速、流量，关键部位压力状况等进行描述与分析。模型计算区域包括固体部分和流体部分。固体部分的范围为上游隧洞段、上游渐变段、渡槽、下游闸室段、下游渐变段、下游隧洞段和分水口段。流体部分的范围为上游隧洞段内稳定水体。龙庆河渡槽分析模型如图 8.2－15 所示。

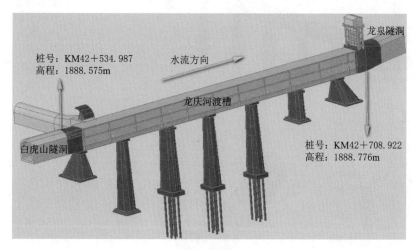

（a）BIM设计模型

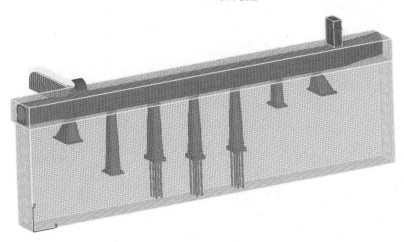

（b）CAE分析模型

图 8.2－15　龙庆河渡槽分析模型

1. 渡槽流态分析

渡槽总计算时间为 600s，0s 时水自上游隧洞流出，计算至 480s 时流态基本稳定，直至 500s 时流态、流速均达到稳定。对该建筑物的典型流态进行分析，结果见表8.2-8。

表8.2-8 龙庆河渡槽流态分析

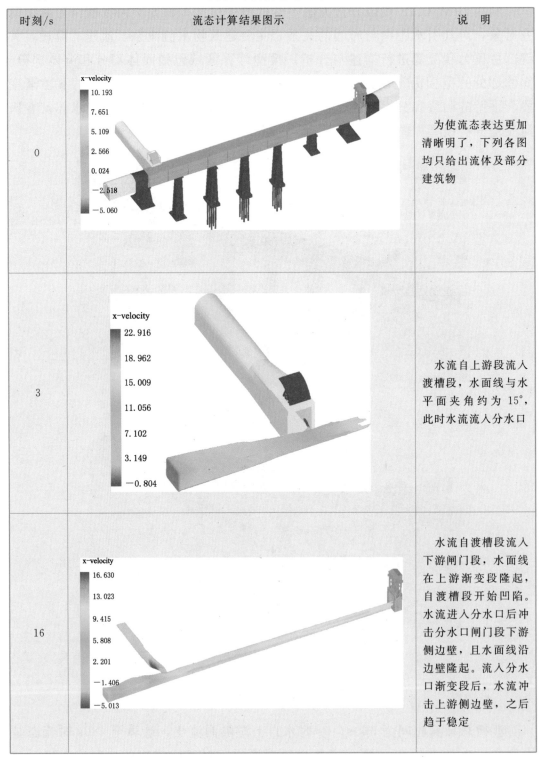

时刻/s	流态计算结果图示	说　明
0		为使流态表达更加清晰明了，下列各图均只给出流体及部分建筑物
3		水流自上游段流入渡槽段，水面线与水平面夹角约为15°，此时水流流入分水口
16		水流自渡槽段流入下游闸门段，水面线在上游渐变段隆起，自渡槽段开始凹陷。水流进入分水口后冲击分水口闸门段下游侧边壁，且水面线沿边壁隆起。流入分水口渐变段后，水流冲击上游侧边壁，之后趋于稳定

时刻/s	流态计算结果图示	说　明
20		水流自渡槽段流出下游闸门段，流入下游隧洞中。水面线在上游渐变段隆起，自渡槽段开始凹陷，沿水流向速度增大，过分水口后趋于均匀
80		上游渐变段中水面线隆起降低，水面线自渡槽段开始凹陷，分水口处速度增大。下游渐变段处出现水面隆起现象，且有向上游发展的趋势。下游渐变段处水面凹陷
100		上游渐变段中水面线隆起降低，水面线自渡槽段开始凹陷，分水口处速度较大。下游渐变段处出现水面隆起现象，已发展至渡槽段中间位置。下游渐变段处水面凹陷

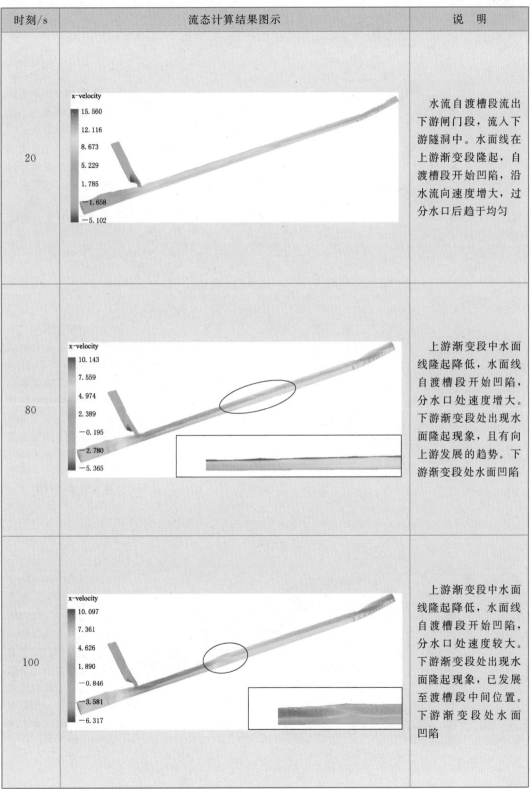

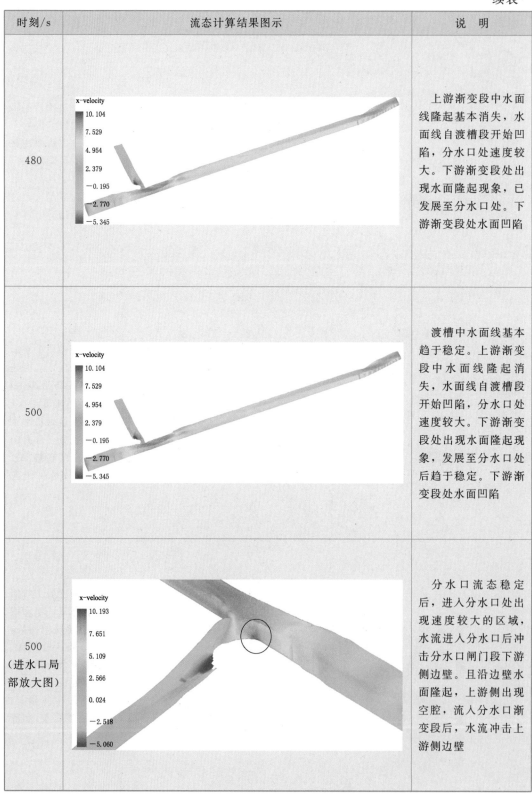

时刻/s	流态计算结果图示	说　明
480		上游渐变段中水面线隆起基本消失，水面线自渡槽段开始凹陷，分水口处速度较大。下游渐变段处出现水面隆起现象，已发展至分水口处。下游渐变段处水面凹陷
500		渡槽中水面线基本趋于稳定。上游渐变段中水面线隆起消失，水面线自渡槽段开始凹陷，分水口处速度较大。下游渐变段处出现水面隆起现象，发展至分水口处后趋于稳定。下游渐变段处水面凹陷
500（进水口局部放大图）		分水口流态稳定后，进入分水口处出现速度较大的区域，水流进入分水口后冲击分水口闸门段下游侧边壁。且沿边壁水面隆起，上游侧出现空腔，流入分水口渐变段后，水流冲击上游侧边壁

2. 平均流速及流量分析

龙庆河渡槽沿程流速控制断面及测点布置如图 8.2-16 所示，计算结果见表 8.2-9。经分析可知，龙庆河渡槽槽身中间断面测点的 y 向（垂直流向）和 z 向（竖直向）流速几乎为 0，说明该段水流比较平稳。x 向（顺水流向）平均流速为 4.79m/s，水深 4m，槽宽 5.8m，流量为 111.128m³/s。龙庆河渡槽分水口出口处测点的 x 向流速几乎为 0，因此流速方向应为 y 向和 z 向的合方向，y 向和 z 向的合流速平均为 5.83m/s，过水断面面积为 6.6m²，故流量为 38.478m³/s。

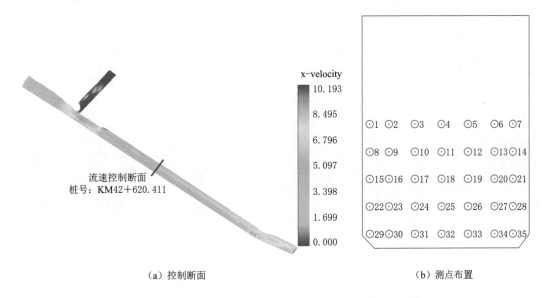

（a）控制断面   （b）测点布置

图 8.2-16　龙庆河渡槽沿程流速控制断面及测点布置

表 8.2-9　　　　　　　龙庆河渡槽沿程流速计算结果

编号	坐标		高程/m	水的体积分数	流速/(m/s)		
	x	y			x 向	y 向	z 向
1	107.11	11.73	61.30	1.00	4.10	0.10	−0.13
2	107.11	11.03	61.30	1.00	4.69	0.16	−0.21
3	107.11	10.03	61.30	1.00	5.20	0.07	−0.13
4	107.11	9.03	61.30	1.00	5.50	−0.04	−0.10
5	107.11	8.03	61.30	1.00	5.58	−0.13	−0.12
6	107.11	7.03	61.30	1.00	5.41	−0.13	−0.19
7	107.11	6.33	61.30	0.98	5.00	−0.05	−0.26
8	107.11	11.73	60.30	0.99	3.88	0.13	−0.24
9	107.11	11.03	60.30	1.00	4.99	0.12	−0.09

续表

编号	坐标		高程	水的体积	流速/(m/s)		
	x	y	/m	分数	x 向	y 向	z 向
10	107.11	10.03	60.30	1.00	5.84	0.06	−0.01
11	107.11	9.03	60.30	1.00	6.09	0.01	0.00
12	107.11	8.03	60.30	1.00	5.85	−0.03	−0.04
13	107.11	7.03	60.30	1.00	5.34	−0.04	−0.21
14	107.11	6.33	60.30	0.99	4.89	−0.02	−0.34
15	107.11	11.73	59.30	0.99	3.39	0.05	−0.16
16	107.11	11.03	59.30	1.00	4.65	0.02	−0.06
17	107.11	10.03	59.30	1.00	5.59	0.03	0.02
18	107.11	9.03	59.30	1.00	6.02	0.04	0.04
19	107.11	8.03	59.30	1.00	5.64	0.05	0.00
20	107.11	7.03	59.30	1.00	5.04	0.04	−0.15
21	107.11	6.33	59.30	0.99	4.61	0.01	−0.29
22	107.11	11.73	58.30	1.00	3.18	0.05	−0.01
23	107.11	11.03	58.30	1.00	4.22	−0.01	−0.05
24	107.11	10.03	58.30	1.00	5.00	0.00	−0.01
25	107.11	9.03	58.30	1.00	5.52	0.03	0.02
26	107.11	8.03	58.30	1.00	5.14	0.05	0.00
27	107.11	7.03	58.30	1.00	4.78	0.04	−0.10
28	107.11	6.33	58.30	1.00	4.48	0.02	−0.19
29	107.11	11.73	57.30	1.00	3.85	0.05	0.05
30	107.11	11.03	57.30	1.00	4.17	0.05	−0.02
31	107.11	10.03	57.30	1.00	4.19	0.03	−0.07
32	107.11	9.03	57.30	1.00	4.65	0.05	0.00
33	107.11	8.03	57.30	1.00	3.95	0.07	0.00
34	107.11	7.03	57.30	1.00	3.77	0.06	−0.10
35	107.11	6.33	57.30	1.00	3.56	0.04	−0.06

第 9 章

边坡洞室 BIM/CAE 集成分析实践

9.1 围岩洞室 BIM/CAE 集成分析

水电站工程建设阶段针对围岩洞室稳定进行了大量 BIM/CAE 集成分析，优化了施工方案，保证了施工安全。本节将以黄登水电站及横冲泵站建设阶段的几个典型 BIM/CAE 分析为例，对工程建设阶段围岩洞室 BIM/CAE 的实际应用及应用效果进行简要说明。

9.1.1 黄登水电站洞室围岩稳定 BIM/CAE 分析

黄登水电站工程地下洞室群具有工程规模大、洞室布置密集、挖空率较高等特点，其工程规模居国内前列，大跨度、高边墙的洞室稳定问题突出。因此，利用基于 HydroBIM 的 BIM/CAE 集成分析技术，对地下洞室群的围岩稳定性、支护参数等进行深入分析十分必要。

在黄登水电站工程建设阶段，通过提取 BIM 模型中地下厂房洞室群的地应力场和洞室群施工开挖围岩稳定特性信息，对地下厂房洞室群的布置方式、分期开挖方式、锚固支护参数的合理性进行了评价。通过分析地质断层等软弱带对洞室围岩稳定的影响，提出了地下厂房洞室群施工方案、支护参数以及合理结构形式的优化意见，在降低材料消耗的同时保证了地下厂房洞室的稳定性，更好地保证了安全性和经济性。

1. 监测数据的动态更新

通过监测数据管理系统实时获取洞室多点位移计、锚索测力计、锚杆应力计的监测数据，并集成至 BIM 模型中，实现 BIM 模型数据的实时更新。监测数据既可通过总控平台实现可视化查询，又可用于洞室稳定的 BIM/CAE 集成分析。图 9.1-1 为厂房 B-B 断面位移监测数据时间过程曲线。

2. 洞室围岩稳定 BIM/CAE 分析

利用预先建立的 BIM 模型，洞室围岩稳定系统实时获取模型相对应的监

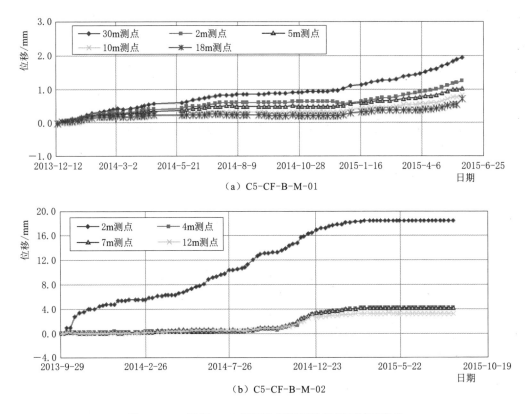

（a）C5-CF-B-M-01

（b）C5-CF-B-M-02

图 9.1－1　厂房 B－B 断面位移监测数据时间过程曲线

测信息与施工布置信息，根据地质勘测资料，结合地应力反演方法，得到与工程实际一致的地应力场，通过在数值仿真模型中映射更新施工开挖进度、支护进度及新揭露的地质信息，进行围岩力学实时参数反演。对于监测断面的准三维模型，采用参数折减法分析围岩变形预警阈值，最终实现围岩安全实时评价及预测反馈分析。

在黄登水电站工程项目洞室施工过程中，根据黄登水电站地下厂房洞室群施工工序及现场揭露地质条件，建立能够反映开挖进度及地质状况的三维整体有限元模型。基于实测数据反演所得的围岩等效力学参数，采用弹塑性非线性的数值计算方法，对施工期地下洞室群围岩稳定状况进行分析、预测，分析和预测范围包括主厂房、主变室、尾水调压室、尾水闸门室等主要部位。根据主厂房开挖进度及施工实际状况，共开展了 10 次反馈分析，图 9.1－2 为分析得到的主厂房厂纵 0＋125.000 断面围岩塑性区。

对洞室围岩分别进行围岩稳定预测分析、围岩力学行为预测分析、围岩变形结果分析、锚索初期锁定载荷优化分析、锚索支护优化分析。分析结果实时反馈至系统中，供施工设计人员进行施工优化。同时，基于 BIM/CAE 集成分析速度快、反馈结果与设计耦合性强的特点，可以在短时间内对施工优化方案

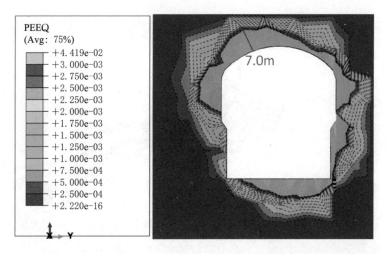

图 9.1-2 主厂房厂纵 0+125.000 断面围岩塑性区（塑性极限应变取 3.0×10⁻³）

进行多次分析，达到多次优化、提高围岩稳定性、保证洞室安全的目的。在黄登水电站工程的建设阶段过程中，基于揭露的地质条件，依据 BIM/CAE 集成分析结果，对主厂房、主变室等多个设计方案进行了优化变更，优化了锚索支护方案，降低了施工成本，提高了洞室的安全性。

3. 洞室智能监测系统

黄登水电站洞室智能监测系统通过构建的三维动态可视化平台，集成 BIM/CAE 模块与反馈信息，采用信息热点查询技术，对工程地质信息、工程措施、监测仪器、实时及历史监测数据、洞室群数值分析结果、安全分区等信息进行可视化查询，实现洞室群三维整体面貌及地质分层可视化、工程施工进度管理、监测信息管理等。图 9.1-3 为洞室智能监测系统主界面与数值计算信息管理界面。

9.1.2 横冲泵站洞室渗流 BIM/CAE 分析

横冲泵站厂区地下建筑物主要有主泵房和附属洞室（包括进水室、工作竖井、进场交通洞、线缆交通），地下洞室埋深一般为 139～154m，地下水位高于地下洞室 99～114m，存在高外水压力隐患。主要是利用 BIM/CAE 集成分析技术对地下洞室三维渗流场及渗流量进行分析，同时分析堵排水措施对地下洞室外水压力及渗流量的影响。依据工程资料，结合 BIM/CAE 集成分析方法建立横冲泵站地下洞室、地下主厂房与进水室的精细化分析模型，如图 9.1-4 所示。

1. 高外水压力水工隧洞渗流场及渗流量分析

根据围岩渗透系数与原始地下水位，利用 BIM/CAE 集成分析技术对地下洞室原始渗流场、隧洞开挖完成后的渗流场、隧洞支护完成后的渗流场分别进行研究，并计算渗漏量。

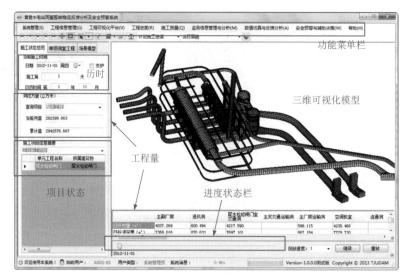

（a）系统主界面

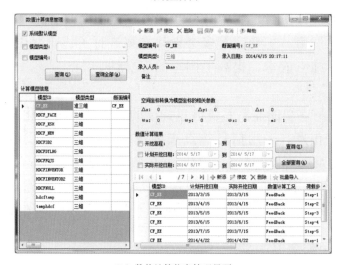

（b）数值计算信息管理界面

图 9.1-3 洞室智能监测系统

图 9.1-5 为水工隧洞围岩的初始孔隙水压力云图，计算断面围岩为粉质黏土、砂砾石、强风化玄武岩、弱风化玄武岩、微风化玄武岩。由于底部围岩渗透系数普遍较小，孔隙水压力等值线相互平行且无明显波动，而顶部粉质黏土及砂砾石渗透系数较大，故靠近水库一侧的孔隙水压力呈向顶部扩散的趋势，模型全范围内呈静水压分布。

图 9.1-6 为水工隧洞开挖后稳定渗流时围岩的孔隙水压力云图。隧洞的开挖使得洞周成为新的渗流通道，使得围岩的孔隙水压力平衡发生改变，地下水发生流动。不考虑灌浆防渗措施及支护结构时，洞周孔隙水压力会较快下降

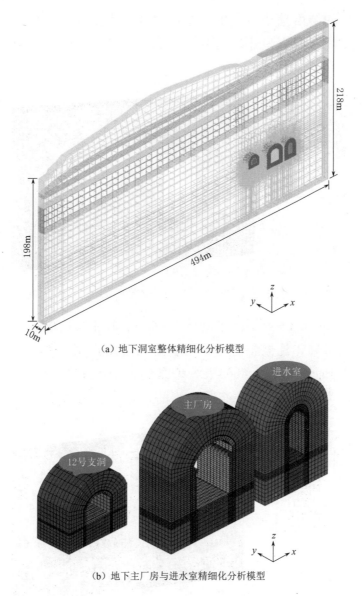

（a）地下洞室整体精细化分析模型

（b）地下主厂房与进水室精细化分析模型

图 9.1 - 4 横冲泵站 BIM/CAE 集成精细化分析模型

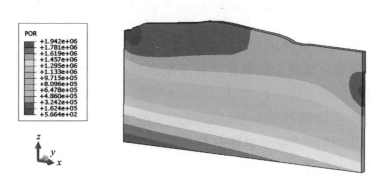

图 9.1 - 5 水工隧洞围岩的初始孔隙水压力云图（单位：Pa）

201

并随着施工开挖的结束趋于零。由于主厂房及进水室为非对称分布，故渗流场孔隙水压力等值线在洞周呈非均匀分布，洞周孔隙水压力最大值出现在主厂房底部，为 0.59MPa。

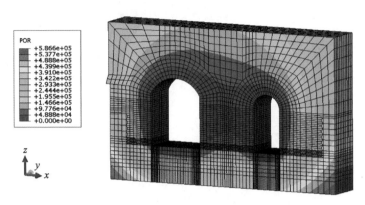

图 9.1-6 水工隧洞开挖后稳定渗流时围岩的孔隙水压力云图（单位：Pa）

图 9.1-7 和图 9.1-8 给出了隧洞开挖并采取注浆措施后洞周围岩孔隙水压力云图。由图可知，注浆措施起到了良好的阻水作用，使得洞室底部的孔隙水压力由 0.59MPa 增大至 0.65MPa，增量约为 10%；孔隙水压力最大值出现在注浆圈底部，为 0.6MPa，注浆圈内侧的孔隙水压力为 0.32MPa。

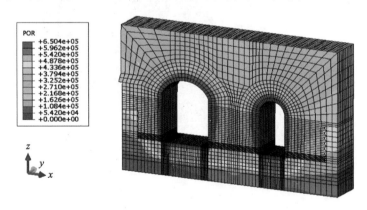

图 9.1-7 注浆后稳定渗流时围岩的孔隙水压力云图（单位：Pa）

2. 注浆圈渗透系数和厚度对外水压力及渗流量的影响分析

为实现隧洞排水减压，选取合理的注浆圈渗透系数、注浆圈厚度及排水孔布置方案，对隧洞渗流场进行模拟，分析不同的注浆圈渗透系数与注浆圈厚度对洞室外水压力及渗流量的影响，确定最优的注浆圈厚度。

分析不同注浆圈渗透系数对隧洞衬砌外水压力及渗流量的影响规律，注浆圈渗透系数 k_3 分别选取 3×10^{-8} m/s、3×10^{-9} m/s、3×10^{-10} m/s 组成三种工况，对三种工况下的衬砌外水压力进行计算，计算结果如图 9.1-9 所示。

图 9.1-8 固结注浆圈孔隙水压力云图（单位：Pa）

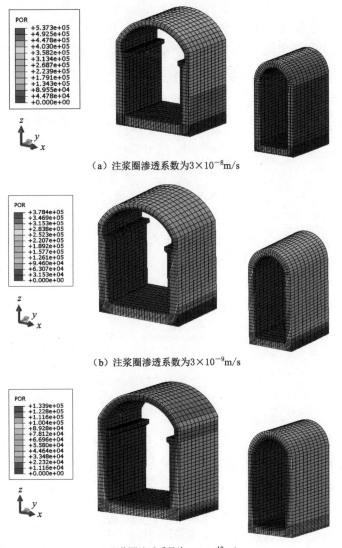

（a）注浆圈渗透系数为 3×10^{-8} m/s

（b）注浆圈渗透系数为 3×10^{-9} m/s

（c）注浆圈渗透系数为 3×10^{-10} m/s

图 9.1-9 不同注浆圈渗透系数下的衬砌外水压力分布云图（单位：Pa）

通过图 9.1-9 可以看出，随着注浆圈渗透系数的增大，衬砌所受到的外水压力也随之增大。当注浆圈渗透系数 k_3 为 3×10^{-8} m/s 时，衬砌所承受的外水压力与不做灌浆处理效果时的外水压力较为接近，此时衬砌外水压力最大，为 0.54MPa；当注浆圈渗透系数 k_3 为 3×10^{-9} m/s 时，注浆圈承受较大的外水压力，衬砌外水压力减小至 0.38MPa；而当注浆圈渗透系数 k_3 为 3×10^{-10} m/s 时，衬砌外水压力仅为 0.13MPa。综上所述，三种不同工况下衬砌所受的外水压力均小于 C30 混凝土抗拉强度设计值，衬砌正常工作，不会遭受破坏，结构整体满足强度要求，且减小注浆圈渗透系数对减小衬砌外水压力效果显著。

渗流量计算结果如图 9.1-10 所示。当注浆圈厚度一定时，随着注浆圈渗透系数的降低，隧洞渗漏量也随之减小，表明对围岩进行注浆加固是控制隧洞渗漏量的有效措施。进一步分析可知，随着注浆圈渗透系数的降低，隧洞渗流量并不是一直增大，当注浆圈渗透系数与围岩渗透系数的比值等于 1000 时对隧洞渗漏量的影响明显降低。开挖未做注浆措施及围岩渗透系数与注浆圈渗透系数的比值分别等于 10、10^2、10^3 四种工况下所对应的隧洞每延米渗漏量分别为 $6.8 \text{m}^3/\text{d}$、$2.26 \text{m}^3/\text{d}$、$0.5 \text{m}^3/\text{d}$、$0.052 \text{m}^3/\text{d}$。

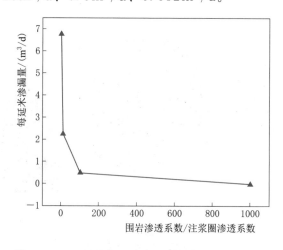

图 9.1-10 隧洞渗漏量随注浆圈渗透性变化规律

分析不同注浆圈厚度对隧洞衬砌外水压力及渗流量的影响规律，注浆圈厚度分别选取 2m、4m、6m 组成三种工况，对三种工况下的衬砌外水压力进行计算，计算结果如图 9.1-11 所示。

由图 9.1-11 可知，当注浆圈渗透系数一定时，随着注浆圈厚度的增大，衬砌所承受的外水压力有所降低，表明对围岩进行注浆加固是降低衬砌外水压力的有效控制措施。在注浆圈厚度分别为 2m、4m、6m 三种工况下，隧洞衬砌所承受外水压力最大值分别为 0.546MPa、0.542MPa、0.537MPa，衬砌所受外水压力均小于 C30 混凝土抗拉强度设计值，衬砌正常工作不会遭受破坏，

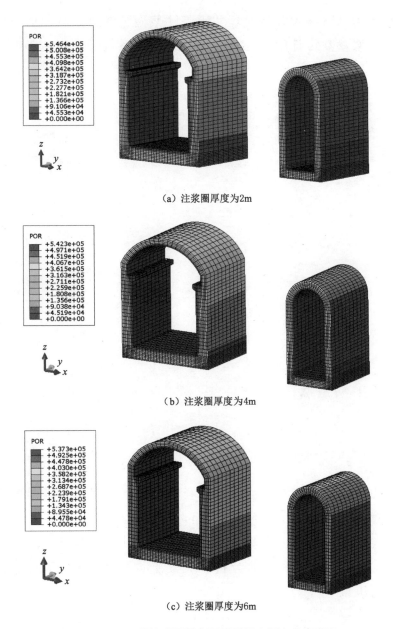

（a）注浆圈厚度为2m

（b）注浆圈厚度为4m

（c）注浆圈厚度为6m

图 9.1－11　不同注浆圈厚度下衬砌外水压力分布云图

结构整体满足强度要求，且增大注浆圈厚度对减小衬砌外水压力效果显著。

　　渗漏量计算结果如图 9.1－12 所示。当注浆圈渗透系数一定时，随着注浆圈渗透系数的增大，隧洞渗漏量随之减小，表明对围岩进行注浆加固是控制隧洞渗漏量的有效措施。进一步分析可知，随着注浆圈厚度的增大，渗透系数对隧洞渗漏量的影响程度并不是一直增大，而是呈减小趋势。开挖未做灌浆措施及注浆圈厚度分别为 2m、4m、6m 四种工况下所对应的隧洞每延米渗漏量分别为 $6.8m^3/d$、$4.21m^3/d$、$3.1m^3/d$、$2.26m^3/d$。因此，通过调整注浆圈降低衬砌外水压力及隧洞渗漏量时，并不是注浆圈的渗透系数越低、厚度越大就效果越好，注浆参数设计中应综合考虑分析渗透系数及厚度的影响，确定较为经济合理的措施。

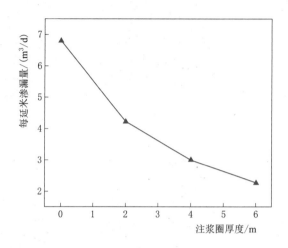

图 9.1－12　隧洞渗漏量随注浆圈厚度变化规律

9.2　边坡 BIM/CAE 集成分析

9.2.1　黄登水电站边坡稳定 BIM/CAE 分析

为保证边坡的安全性和稳定性，黄登水电站工程在施工过程中对边坡工程进行监测布置，对边坡施工安全进行全自动化监控，并将数据采集与实时分析评估相结合，进而构建了一个基于 BIM/CAE 集成分析的统一化、网络化、智能化的监测信息集成管理和实时分析、决策辅助平台，实现了基于实时分析的辅助安全运行决策。

1. BIM 数据信息的动态更新

黄登水电站工程边坡系统通过布置在边坡上的测点，实时获取原始监测数据，并对原始监测数据进行整编和预处理。数据预处理包括监测数据系统误差识别、变值系统误差识别、数据插补。经过整编和预处理的数据实时添加至边坡 BIM 模型上，从而丰富和完善 BIM 模型的数据信息。同时，根据监测仪器的实际埋设位置信息将对应的监测仪器模型显示在边坡三维可视化模型的对应位置，当单击某监测仪器模型时，根据监测仪器的编号在数据库中查找相应的监测数据，并绘制监测数据过程曲线。通过鼠标交互式操作可以在可视化场景中查看黄登水电站边坡的监测信息，为监测中心人员提供便利，使得监测信息可视化（图 9.2－1）。

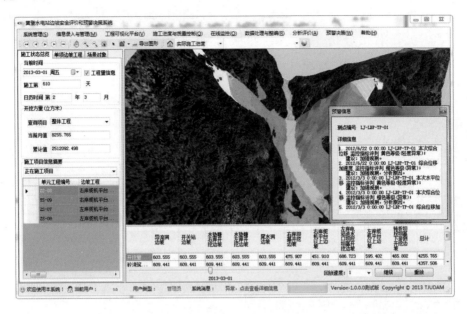

图 9.2－1　监测信息可视化

同时，随着地质信息的逐渐完善，BIM 模型的数据信息也逐渐完善，具备进行 CAE 分析的条件。

BIM/CAE 分析模块通过提取 BIM 模型中的监测数据、地质数据、模型几何数据等信息，进行边坡应力应变的 CAE 分析，并自动将分析结果与 BIM 模型绑定。在系统中可以进行可视化查询，如图 9.2－2 所示。同时，系统可随着信息的获取实时改变地质参数，保证数值计算的真实性。

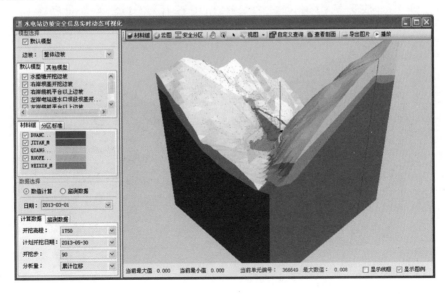

图 9.2－2　边坡安全信息三维可视化

2. 边坡安全稳定 BIM/CAE 分析

边坡安全稳定 BIM/CAE 分析的目的是分析边坡各点的应力应变及强度储备。因此，在有限元分析中，结合屈服准则，引入了点安全系数的概念。图 9.2-3 和图 9.2-4 分别为左岸 YH1 剖面天然边坡岩体的点安全系数分布图和左岸 YH1 剖面天然边坡第一组节理的点安全系数分布图。

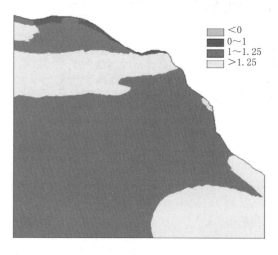

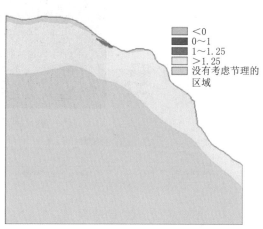

图 9.2-3 左岸 YH1 剖面天然边坡
岩体的点安全系数分布图

图 9.2-4 左岸 YH1 剖面天然边坡
第一组节理的点安全系数分布图

有限元网格基于 BIM 模型建立，通过调用模型库中添加的 BIM 模型，获取 BIM 模型地质信息和几何信息，根据网格剖分原则进行有限元网格剖分。剖分好的模型将存入有限元模型库中，供随时查看和调用。图 9.2-5 和图 9.2-6 分别为坝基天然边坡网格剖分图和坝基开挖边坡网格剖分图。

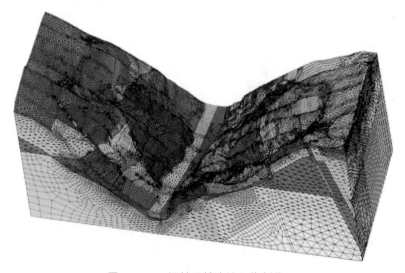

图 9.2-5 坝基天然边坡网格剖分图

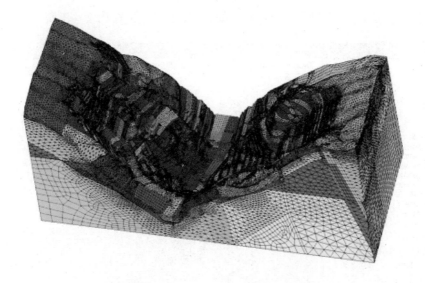

图 9.2-6 坝基开挖边坡网格剖分图

从数据库中根据 BIM 模型中的位置信息提取岩体和结构面的物理力学参数建议值作为计算参数的取值。表 9.2-1 给出了左岸边坡计算时从数据库获取的力学参数。

表 9.2-1 左岸边坡覆盖层及岩体物理力学参数

地层岩性	岩体类别	天然容重/(kN/m³)	饱和容重/(kN/m³)	变形模量 E_0/GPa	泊松比	抗剪断强度	
						C/MPa	f
第四系（崩、坡积层）	V	19.00	19.50	0.8	0.35	0.035	0.45
第四系（冲积层）	V	19.00	19.50	1.0	0.32	0.000	0.55
倾倒蠕变岩体	V	22.50	23.50	3.0	0.28	0.125	0.65
弱风化、弱卸荷岩体	IV	24.65	25.00	7.0	0.25	0.700	0.90
微风化、微卸荷岩体	III	26.00	26.50	10.0	0.24	0.950	1.20
微风化~新鲜岩体	II	26.50	26.85	18.0	0.23	1.300	1.40

CAE 分析考虑三种工况，分别是天然工况、不考虑支护作用的开挖工况以及考虑支护作用的开挖工况。依据工况类型及边坡位置将分析结果在数据库中分别存放，在系统中显示。

系统根据 BIM 模型的位置信息及断面编号自动匹配相应的监测点，然后根据监测数据绘制云图，最后将监测数据云图与 CAE 分析结果云图进行比对分析。为帮助设计人员了解开挖边坡的安全状况，并指导设计工作，系统通过数值模拟和监测数据插值的方式，将黄登水电站边坡安全状况直观地展示出来，实现了边坡安全信息的可视化，如图 9.2-7 和图 9.2-8 所示。

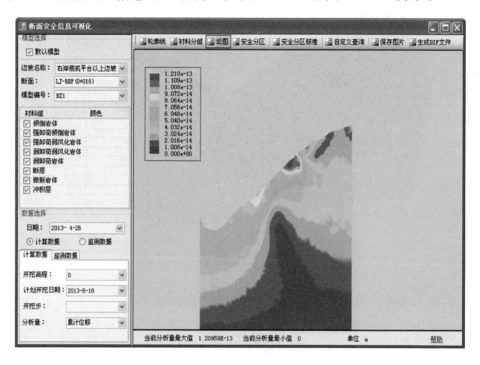

图 9.2-7 断面云图显示

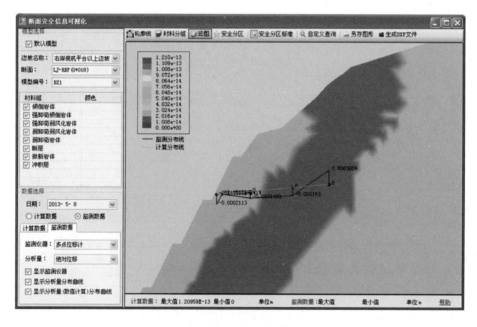

图 9.2-8 断面云图与监测信息显示

根据系统中预设的安全分析预警指标，对黄登水电站边坡的监测数据和数值分析数据进行评判。CAE 分析数据超过预警指标时，系统将自动做出反馈预警，并提醒管理人员和施工人员采取相应的措施。通过建立黄登水电站边坡断面实时数值评价模型进行分析，得到边坡的预警指标值和安全云图（图 9.2 - 9），为边坡安全评价提供一种有效的方法。

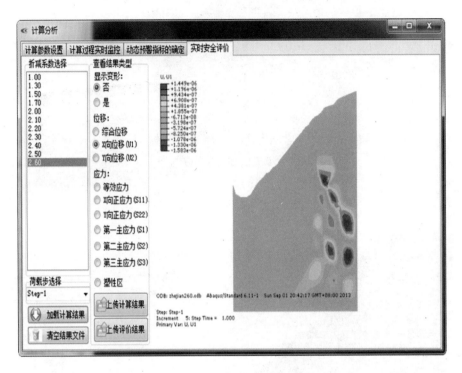

图 9.2 - 9　边坡安全评价界面

在黄登水电站边坡的施工过程中，应用 BIM/CAE 技术对边坡安全进行了实时分析监控。施工管理人员多次根据边坡稳定性 CAE 分析结果对边坡的薄弱部分进行处理，保证了施工过程中的安全。

9.2.2　古水水电站边坡稳定 BIM/CAE 分析

结合古水水电站工程枢纽区建筑物开挖边坡资料，开展多层复合倾倒岩体边坡开挖稳定性分析。针对古水水电站危险剖面 B1 剖面右岸，综合利用 BIM/CAE 集成分析技术，根据可行性研究阶段边坡开挖加固方案，模拟边坡开挖支护过程，分析边坡位移场、应力场及塑性区扩展规律。结合 BIM/CAE 集成分析方法建立泄洪出口边坡的分析模型，如图 9.2 - 10 所示。

1. 边坡位移场演变特征

对最危险剖面 B1 剖面右岸进行边坡开挖支护施工过程模拟计算，边坡支护结构位移变形特性云图如图 9.2 - 11～图 9.2 - 17 所示，共进行 22 级边坡开挖支护。

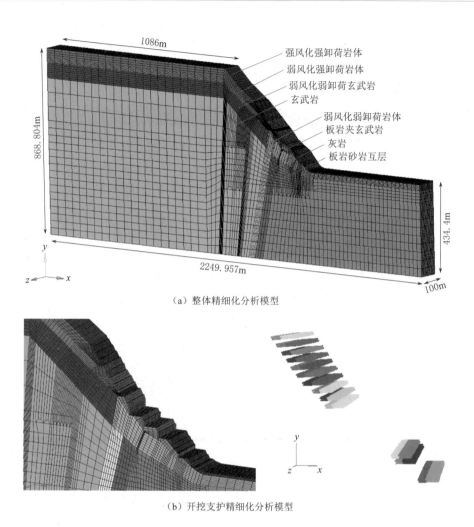

（a）整体精细化分析模型

（b）开挖支护精细化分析模型

图 9.2 - 10　古水水电站泄洪出口边坡 B1 剖面右岸 BIM/CAE 集成精细化分析模型

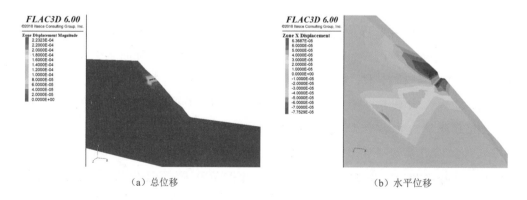

（a）总位移　　　　　　　　　　　　　　　（b）水平位移

图 9.2 - 11（一）　边坡第 1 级开挖位移分布云图（单位：m）

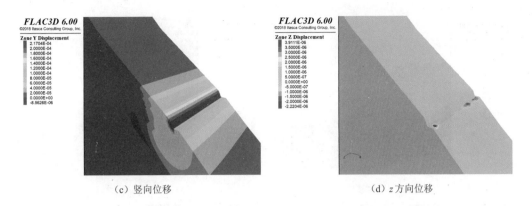

（c）竖向位移 （d）z 方向位移

图 9.2 - 11（二） 边坡第 1 级开挖位移分布云图（单位：m）

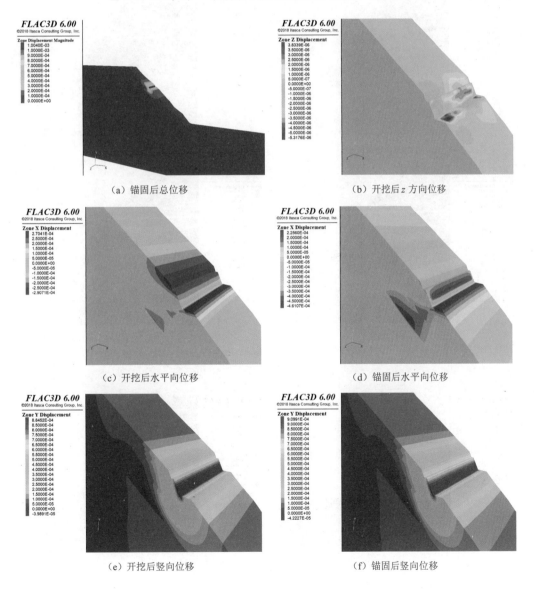

（a）锚固后总位移 （b）开挖后 z 方向位移

（c）开挖后水平向位移 （d）锚固后水平向位移

（e）开挖后竖向位移 （f）锚固后竖向位移

图 9.2 - 12 边坡第 2 级开挖、支护位移分布云图（单位：m）

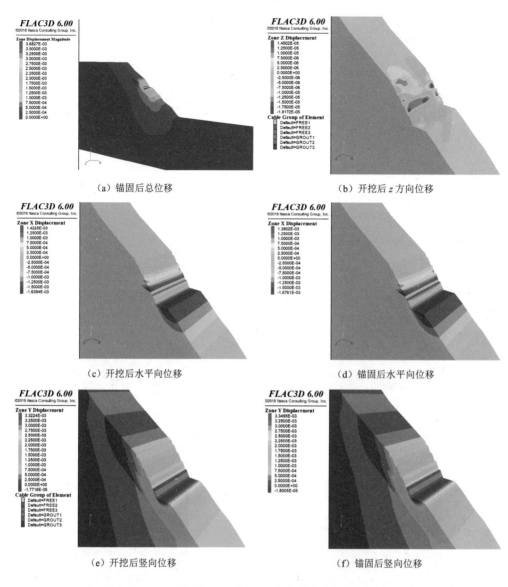

（a）锚固后总位移　　　　　　　（b）开挖后 z 方向位移

（c）开挖后水平向位移　　　　　　（d）锚固后水平向位移

（e）开挖后竖向位移　　　　　　　（f）锚固后竖向位移

图 9.2-13　边坡第 5 级开挖、支护位移分布云图（单位：m）

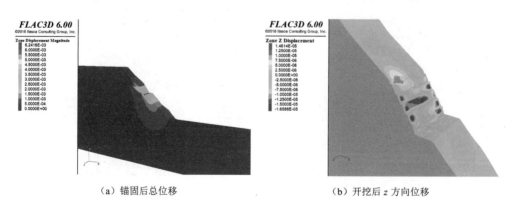

（a）锚固后总位移　　　　　　　（b）开挖后 z 方向位移

图 9.2-14（一）　边坡第 6 级开挖、支护位移分布云图（单位：m）

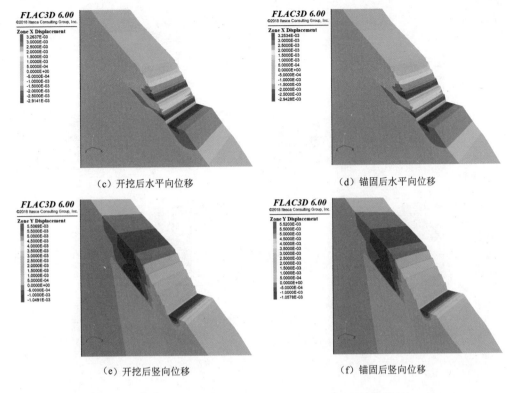

（c）开挖后水平向位移　　　　　　（d）锚固后水平向位移

（e）开挖后竖向位移　　　　　　（f）锚固后竖向位移

图 9.2-14（二）　边坡第 6 级开挖、支护位移分布云图（单位：m）

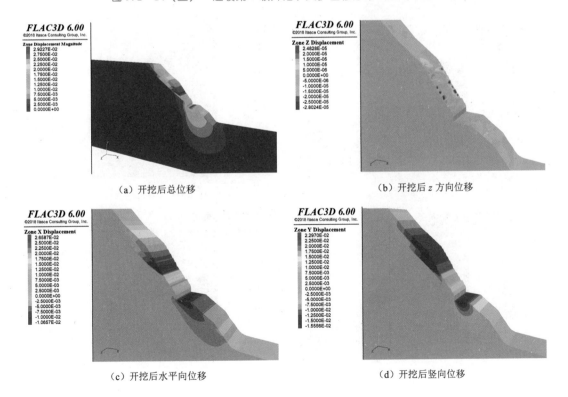

（a）开挖后总位移　　　　　　（b）开挖后 z 方向位移

（c）开挖后水平向位移　　　　　　（d）开挖后竖向位移

图 9.2-15　边坡第 12 级开挖位移分布云图（单位：m）

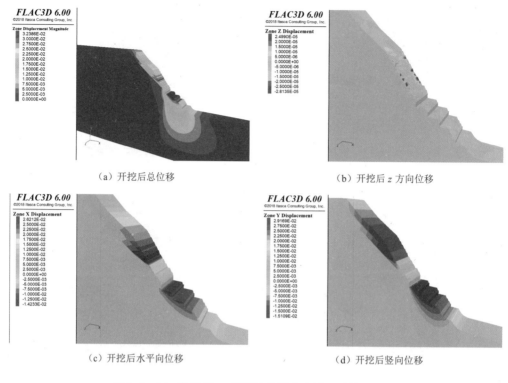

（a）开挖后总位移　　　　　　　　　　　　（b）开挖后 z 方向位移

（c）开挖后水平向位移　　　　　　　　　　（d）开挖后竖向位移

图 9.2－16　边坡第 20 级开挖位移分布云图（单位：m）

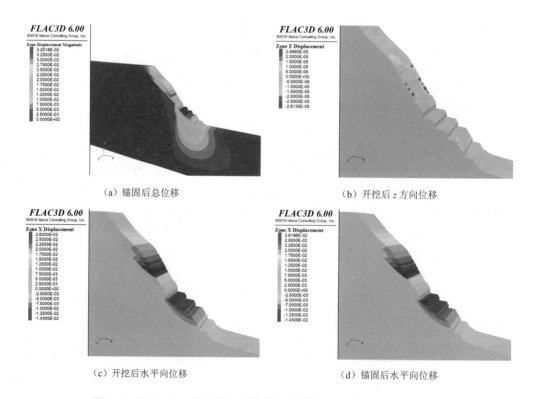

（a）锚固后总位移　　　　　　　　　　　　（b）开挖后 z 方向位移

（c）开挖后水平向位移　　　　　　　　　　（d）锚固后水平向位移

图 9.2－17（一）　边坡第 22 级开挖、支护位移分布云图（单位：m）

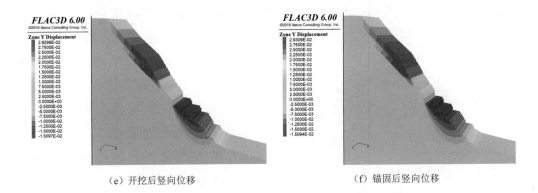

（e）开挖后竖向位移　　　　　　　　　（f）锚固后竖向位移

图 9.2－17（二）　边坡第 22 级开挖、支护位移分布云图（单位：m）

由位移分布云图可知，随着边坡开挖的进行（开挖支护交替施工），边坡总位移的影响范围逐渐扩大，深度逐渐加深。随着开挖支护的进行，岩体竖向位移逐渐增大，最大竖向位移出现在第 22 级边坡，最大位移值为 2.93cm。每一级边坡开挖支护后，岩体竖向位移分布情况基本一致，未开挖部分原边坡的竖向位移总是呈现沉降的趋势，如图中蓝色部分所示；最大位移主要集中在开挖引起的临空面所在的岩体上，并具有向临空面方向运动的趋势，如图中红色部分所示。新边坡坡脚及开挖平台处发生位移回弹，竖向位移的回弹最大值发生在新边坡的支护结构表面上，边坡内部竖向位移回弹逐渐向坡面转移。

随着原始边坡岩体失去侧向支撑，边坡开挖产生卸载回弹作用，岩体会向侧向临空面产生一定的水平位移，且随着开挖的进行，水平位移逐渐增大。在各级边坡开挖支护过程中，水平位移的变化规律基本一致，由坡面至坡内水平位移均逐渐减小，且支护后水平位移明显减小。第 1～5 级边坡水平位移最大值出现在各级开挖平台顶部，其中第 5 级边坡开挖平台顶部水平位移最大，为－1.67mm。随着开挖的进行，上部边坡岩体开始向临空面发生位移，第 6～22 级边坡水平位移最大值出现在上部坡面上，其中位移最大值出现在第 22 级边坡坡面，为 2.62cm。

由于岩体不断开挖卸载，减少了侧向的岩体支撑，边坡内部产生向坡外的位移。开挖后的及时支护对其位移起到了有效的限制作用，使边坡受到了指向内部的作用力，从而提高了边坡的稳定性。

2. 边坡应力场演变特征

原始状态下，边坡在自重应力作用下的最大主应力场云图如图 9.2－18 所示，正值表示拉应力状态，负值表示压应力状态。开挖支护之前，主应力沿深度呈线性增加，且均匀分布。原始边坡表面地层处于拉应力区，原始边坡表层之下的应力值基本都为负值，处于压应力区。从边坡的拉应力区及压应力的分

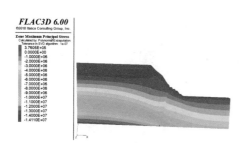

图 9.2 - 18　自重应力作用下原始状态
最大主应力场云图

布情况来看，边坡自然状态下应力分布基本符合边坡岩体自重应力场分布规律，最大主应力等值线分布大体上与地表形态一致，整个边坡基本处于受压状态，坡体内压应力表现出来的分布特征是压应力随着埋深的增加而增大，不存在明显的应力集中现象。原始边坡最大拉应力为 0.38MPa，位于边坡表层；最大压应力为 14.11MPa，位于边坡的最底部。

图 9.2 - 19～图 9.2 - 25 为每级边坡开挖支护后的最大、最小主应力分布云图，正值表示拉应力状态，负值表示压应力状态。边坡开挖后，由于开挖面上部岩体被挖除，开挖面上的岩体应力得到释放，在各开挖面表面形成了较明显的应力松弛区，总体应力水平随之减小。各级边坡开挖后，边坡表层以下的最大、最小主应力等值线发生偏转，随着边坡开挖形状的变化而变化，分布情况与边坡的坡形基本一致，总体特征表现为越靠近临空面，主应力等值线越接近平行于临空面。

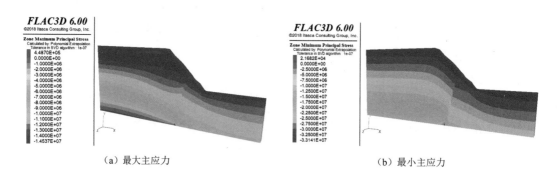

（a）最大主应力　　　　　　　　　　　（b）最小主应力

图 9.2 - 19　边坡第 1 级开挖、支护后主应力分布云图（单位：Pa）

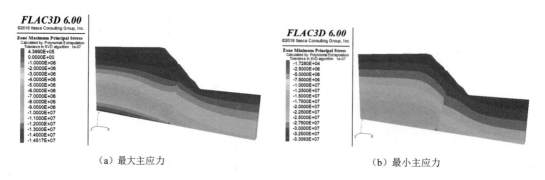

（a）最大主应力　　　　　　　　　　　（b）最小主应力

图 9.2 - 20　边坡第 3 级开挖、支护后主应力分布云图（单位：Pa）

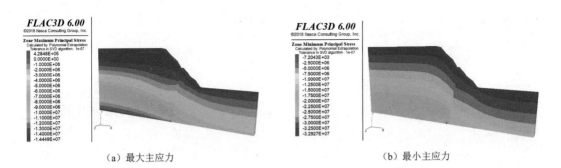

（a）最大主应力　　　　　　　　　　　　（b）最小主应力

图 9.2 - 21　边坡第 6 级开挖、支护后主应力分布云图（单位：Pa）

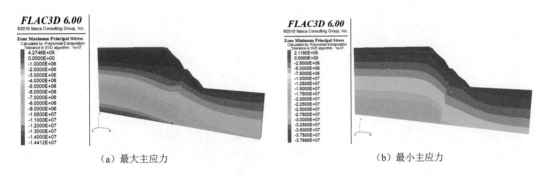

（a）最大主应力　　　　　　　　　　　　（b）最小主应力

图 9.2 - 22　边坡第 7 级开挖、支护后主应力分布云图（单位：Pa）

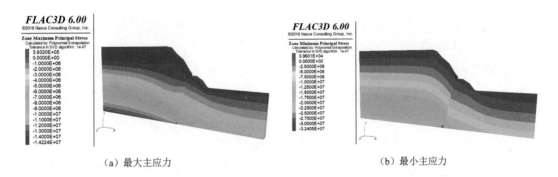

（a）最大主应力　　　　　　　　　　　　（b）最小主应力

图 9.2 - 23　边坡第 12 级开挖、支护后主应力分布云图（单位：Pa）

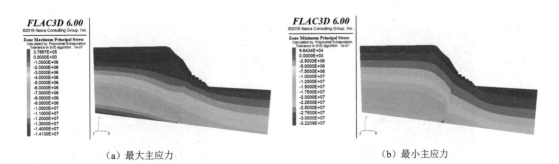

（a）最大主应力　　　　　　　　　　　　（b）最小主应力

图 9.2 - 24　边坡第 18 级开挖、支护后主应力分布云图（单位：Pa）

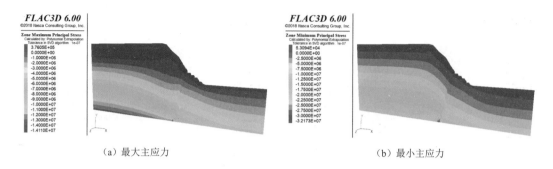

（a）最大主应力   （b）最小主应力

图 9.2-25　边坡第 22 级开挖、支护后主应力分布云图（单位：Pa）

从图中可以看出，新边坡坡面表层以下最大主应力与原始状态时规律一致，最大主应力值均为负值，说明仍然是边坡自重起主要作用，使得边坡内部表现为压应力。新边坡坡面表层表现为拉应力，在第 22 级边坡开挖支护过程中，每开挖一级，最大拉应力值始终出现在支护后的新边坡坡面和待开挖的原始坡面上。各级边坡的最大拉应力变化不大，其中，第 1 级边坡坡面上的最大拉应力最大，为 0.45MPa；第 22 级边坡坡面上的最大拉应力最小，为 0.38MPa。

最小主应力等值线分布规律与最大主应力一致，在边坡开挖支护过程中，等值线随着边坡坡形发生变化。由图 9.2-19～图 9.2-25 可以看出，第 3～6 级边坡，最小主应力均为负值，其余各级边坡坡面最小主应力表现为受拉状态，最大值为 0.1MPa。从新边坡坡面至坡体内部，压应力由小到大，受到自重应力和开挖卸载影响，压应力最大值始终处于坡体内底部，最小值靠近坡面岩体。随着边坡开挖，坡体内部最大压应力逐渐减小，第 1 级边坡开挖后最大压应力最大，为 33.14MPa；第 22 级边坡开挖支护后最大压应力最小，为 32.17MPa。

3. 边坡塑性区演变特征

图 9.2-26 为边坡分级开挖卸荷下的塑性区分布云图。可以看出，边坡塑性区影响范围基本没有变化，分布在覆盖层、强风化强卸荷岩层区域，随着开挖的进行，覆盖层及靠近坡顶的位置剪切塑性破坏区域进一步增加。

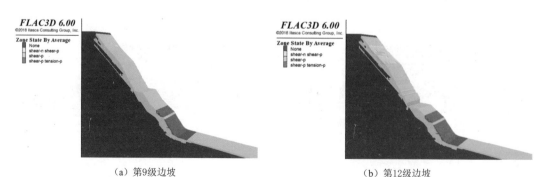

（a）第 9 级边坡   （b）第 12 级边坡

图 9.2-26（一）　边坡分级开挖卸荷下的塑性区分布云图

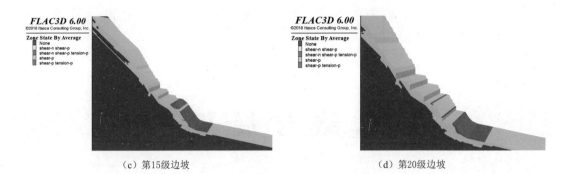

（c）第15级边坡   （d）第20级边坡

图 9.2－26（二）　边坡分级开挖卸荷下的塑性区分布云图

第 10 章

总 结 与 展 望

10.1 总结

本书通过分析 BIM/CAE 集成技术在水利水电工程中的应用，证明了其高效性和合理性。通过开发 BIM/CAE 集成平台，将 BIM 和 CAE 集成技术运用在黄登水电站碾压混凝土重力坝工程建设的前期勘测设计、施工建造、运行维护等阶段，通过对工程建设全生命周期 BIM 模型的不断分析优化，保证了设计合理性和施工运维安全性。同时，BIM 和 CAE 集成技术在糯扎渡水电站土石坝工程中的应用也给设计者带来了极大的便利，降低了对分析人员专业操作能力的要求，简化了 CAE 实体模型的创建过程，实现了 BIM 模型与 CAE 分析技术的高效融合与动态传输。此外，其在引调水工程中的应用更是证明了 BIM/CAE 集成技术的高效性和便捷性，不仅解决了在引水建筑物种类繁多条件下的参数化建模和组装问题，而且提出了针对引调水工程整体建筑物安全稳定性的有限元分析方法，提升了引调水工程的集成化管理和建设水平。

综上所述，本书研究的 BIM/CAE 集成技术使得 CAE 可以在项目发展的任何阶段从 BIM 模型中自动抽取各种分析、模拟、优化所需要的数据进行计算，为工程全生命周期进行安全分析评价提供了较好的数据支持，保证了工程设计、施工和运维的安全性，达到 BIM 和 CAE 良好集成的效果。

10.2 展望

如今，BIM 技术和 CAE 技术在水利水电工程领域被大力推广，BIM 技术可解决水利水电工程全生命周期管理过程中信息量大、工程管理复杂的难题，CAE 技术中的有限元计算分析成功解决了很多领域的大型工程计算难题。水利水电工程一般结构庞大、工况多变、计算模型复杂、荷载多变多元、单一软件计算繁杂且易出错，BIM 技术和 CAE 技术的结合不仅可以使整个水利水电工程有限元分析过程清晰高效、便于操作和修改，而且相较于传统工程建设方式，可以明显降低返工率，提高设计优化和工程建设效率，具有广阔的应用前景。

同时，随着云计算、物联网、大数据等新兴技术的发展，其与 BIM/CAE 集成技术的融合也是未来发展的一大趋势。HydroBIM 作为一种多维度（3D、4D-进度/寿命、5D-投资、6D-质量、7D-安全、8D-环境、9D 成本/效益等）信息模型，具有大数据、多维度、智能化、全方位管理的特点。采用 BIM/CAE 集成分析的工作模式将极大地提高水利水电工程的集成化程度和参建各方的工作效率，同时可为水利水电工程的有限元分析提供更为有效的解决途径。

但是，CAE 技术与 BIM 技术的集成应用还不够成熟，不仅面临着众多技术和理论瓶颈，工程应用方面也存在诸多挑战。今后可在以下两个方面做深入研究：

（1）基于构件的有限元建模，通过深入集成 BIM 与 CAE 来实现一体化建模，进而实现在结构多样、多工况等复杂条件下的联合分析，促进 BIM 技术在工程建设过程中发挥更大的作用。

（2）现阶段实现的 BIM/CAE 集成分析仍需借助国外 Hypermesh 及 ABAQUS 软件的二次开发，内部自动化流程开发较为复杂，后续可考虑采用开源的前后处理及求解器嵌入到 Web 端系统内部实现自动化分析，从而摆脱外部 CAE 软件的束缚。

参 考 文 献

[1] 陈璇. 集成 CAD/CAE 分析技术的三维设计方法在水电枢纽布置中的应用探索 [D]. 天津：天津大学，2009.

[2] 杜成波. 水利水电工程信息模型研究及应用 [D]. 天津：天津大学，2014.

[3] 段一琼. 卡特彼勒首提"建设 4.0"新模式助力"一带一路" [J]. 工程机械，2015，46（7）：78.

[4] 冯奕. 基于三维设计平台的输水结构随机地震破坏风险分析 [D]. 天津：天津大学，2012.

[5] 何关培. BIM 总论 [M]. 北京：中国建筑工业出版社，2011.

[6] 胡茹. CAE 高性能计算平台解决方案 [J]. 数字技术与应用，2016（6）：227.

[7] 韩守都，吴俊杰，王小军. 钢岔管三维参数化设计方法的研究与应用 [J]. 水电能源科学，2015，33（3）：175－178，174.

[8] 何幸保，高英武，汤楚宙，等. 齿轮的参数化设计与三维建模的方法研究 [J]. 机械设计与制造，2010（8）：30－32.

[9] 靳金，安景合，黄锰钢. BIM 信息交换流程标准制定方法研究 [J]. 土木建筑工程信息技术，2012（4）：15－21.

[10] 蒋艺. 基于 BIM 的地下厂房三维数字化设计研究 [D]. 长沙：长沙理工大学，2016.

[11] 李华良，杨绪坤，王长进，等. 中国铁路 BIM 标准体系框架研究 [J]. 铁路技术创新，2014（2）：12－17.

[12] 林金华，林武，吴福居. 可视化编程在 BIM 参数化建模中的应用技术 [J]. 工程建设与设计，2018（22）：276－278.

[13] 林良帆. BIM 数据存储与集成管理研究 [D]. 上海：上海交通大学，2013.

[14] 林欣达，林穗. 融合云计算和超级计算的 CAE 软件集成系统的设计 [J]. 广东工业大学学报，2014（3）：72－76.

[15] 林志华，徐云泉，陆震，等. 基于 BIM＋CAE 技术在某水电站发电厂房中的应用 [J]. 云南水力发电，2021，37（3）：191－195.

[16] 毛拥政，补舒棋，付登辉，等. 引汉济渭工程三河口水利枢纽 BIM 设计应用 [J]. 土木建筑工程信息技术，2020，12（5）：105－110.

[17] 马文琪，程浩，赵杰，等. 基于精细化 BIM 模型的公路高边坡稳定分析 [J]. 公路，2021，66（4）：23－26.

[18] 饶平平，刘焯立，班洪侠，等. 基坑工程 BIM 技术结合有限元分析应用研究 [J]. 土木建筑工程信息技术，2017，9（3）：52－57.

[19] 史斐然. 基于云服务的水利仿真计算系统生成平台接口研究 [D]. 天津：天津大学，2015.

[20] 孙杰. 三维实体建模及参数化设计在化工机械设计中的应用 [J]. 氯碱工业，2017，

53（2）：39－41.

[21] 撒文奇. 基于三维设计方法的重力坝 CAD/CAE 集成设计平台研究与开发 [D]. 天津：天津大学，2010.

[22] 孙小冉. CAE 软件与 CAD 集成协作在水利工程有限元分析中的应用 [J]. 治淮，2017（9）：22－23.

[23] 孙中秋，高超. 基于 Revit 的连续刚构 BIM 参数化建模研究 [J]. 四川水泥，2018（12）：349－350.

[24] 唐兆，朱允瑞，聂隐愚，等. CAD/CAE 集成的高速列车子系统仿真分析一体化平台 [J]. 西南交通大学学报，2016，51（1）：113－120.

[25] 汪国华. XML 描述的三维模型检索技术的研究 [J]. 计算机工程与设计，2007，28（15）：3682－3685，3716.

[26] 王宽. 预应力渡槽结构三维参数化配筋方法及实现 [D]. 天津：天津大学，2013.

[27] 王克禹. 基于 SaaS 的 CAE 云计算平台的设计与实现 [D]. 绵阳：西南科技大学，2018.

[28] 吴海. 协同设计中产品特征信息交互与三维重构研究 [D]. 长沙：长沙理工大学，2012.

[29] 王小锋. 三维地质建模技术在水利水电工程中的应用 [J]. 水科学与工程技术，2018（2）：62.

[30] 王文武，王正中，赵春龙，等. CAD/CAE 技术在钢闸门数字化设计中的应用 [J]. 水力发电，2019，45（9）：120－125.

[31] 许能. 基于 ANSYS Workbench 进行水工辅助分析的应用 [J]. 湖南水利水电，2020（6）：45－47，51.

[32] 徐毅，孔凡新. 三维设计系列讲座（3）计算机辅助工程（CAE）技术及其应用 [J]. 机械制造与自动化，2003（6）：146－150.

[33] 肖峰. 基于 SALOME 的输流管道 CAE 分析集成平台研发 [D]. 武汉：武汉理工大学，2015.

[34] 杨虎，万慧敏，康欢. BIM 技术在五强溪水电站扩机项目的研究与应用 [J]. 云南水力发电，2020，36（8）：128－132.

[35] 于彦伟. 基于 CATIA 的重力坝参数化设计系统的研究与开发 [D]. 郑州：郑州大学，2013.

[36] 张洪波，王丽，任加锐. BIM 技术在淮安市古盐河西安路节制闸工程的实现与运用 [J]. 陕西水利，2020（11）：15－18.

[37] 朱建士. 多尺度问题的数值模拟 [C] //第四届全国计算爆炸力学会议论文集. 北京应用物理与计算数学研究所，2008.

[38] 张亮，于晓明，陈渊鸿. 基于轻量化桌面云技术的 BIM 系统研究与应用 [J]. 施工技术，2018，47（21）：118－122，148.

[39] 朱亮亮. 基于 BIM 技术的重力坝非溢流坝段快速三维参数化设计与稳定性分析系统研究 [D]. 西安：西安理工大学，2018.

[40] 张云翼，林佳瑞，张建平. BIM 与云、大数据、物联网等技术的集成应用现状与未来 [J]. 图学学报，2018，39（5）：806－816.

[41] 张宗亮. 200m 级以上高心墙堆石坝关键技术研究及工程应用 [M]. 北京：中国水利

水电出版社，2011.

[42] BOUSSUGE F，TIERNEY C M，VILMART H，et al. Capturing simulation intent in an ontology：CAD and CAE integration application [J]. Journal of Engineering Design，2019，30 (10 – 12)：688 – 725.

[43] KHAN M T H，REZWANA S. A review of CAD to CAE integration with a hierarchical data format (HDF) – based solution [J]. Journal of King Saud University – Engineering Sciences，2021，33 (4)：248 – 258.

[44] 河野良坪，石崎陽児，一ノ瀬雅之，等. 建築環境 CAEツールにおけるBIM 連携化とCFDパーツ化に関する研究開発 [J]. 空気調和・衛生工学会論文集，2011，36 (174)：15 – 21.

索　引

《水利水电工程信息化 BIM 丛书》
编辑出版人员名单

总责任编辑：王　丽　黄会明

副总责任编辑：刘向杰　刘　巍　冯红春

项目负责人：刘　巍　冯红春

项目组成人员：宋　晓　王海琴　任书杰　张　晓
　　　　　　　邹　静　李丽辉　郝　英　夏　爽
　　　　　　　范冬阳　李　哲　石金龙　郭子君

《HydroBIM－BIM/CAE 集成设计技术》

责任编辑：郝　英

审稿编辑：郝　英　黄会明　陈静杰　方　平

封面设计：李　菲

版式设计：吴建军　郭会东　孙　静

责任校对：梁晓静　王凡娥　黄　梅

责任印制：崔志强　焦　岩